Ahlem LAISSOUF

Efeito do linho na obesidade e no envelhecimento biológico

Ahlem LAISSOUF

Efeito do linho na obesidade e no envelhecimento biológico

Óleo de linhaça e obesidade

ScienciaScripts

Imprint
Any brand names and product names mentioned in this book are subject to trademark, brand or patent protection and are trademarks or registered trademarks of their respective holders. The use of brand names, product names, common names, trade names, product descriptions etc. even without a particular marking in this work is in no way to be construed to mean that such names may be regarded as unrestricted in respect of trademark and brand protection legislation and could thus be used by anyone.

Cover image: www.ingimage.com

This book is a translation from the original published under ISBN 978-3-8381-7708-3.

Publisher:
Sciencia Scripts
is a trademark of
Dodo Books Indian Ocean Ltd. and OmniScriptum S.R.L publishing group

120 High Road, East Finchley, London, N2 9ED, United Kingdom
Str. Armeneasca 28/1, office 1, Chisinau MD-2012, Republic of Moldova, Europe
Managing Directors: Ieva Konstantinova, Victoria Ursu
info@omniscriptum.com

Printed at: see last page
ISBN: 978-620-8-41268-5

Conteúdo

AGRADECIMENTOS

Em primeiro lugar, gostaria de exprimir a minha mais sincera gratidão à minha orientadora de tese, a Professora **SOULIMANE-MOKHTARI Nassima.** Estou-lhe igualmente grata pelo tempo considerável que me dispensou, pelas suas qualidades pedagógicas e científicas, pela sua franqueza e pela sua simpatia. Aprendi muito com ela e estou-lhe muito grato por isso. O seu apoio foi fundamental para que este trabalho fosse concluído com êxito.

Se hoje consegui concluir a minha tese, foi graças à sua orientação e ao seu encorajamento. Gostaria de exprimir a minha admiração pelas suas grandes qualidades, tanto científicas como humanas. Muito obrigado pelo seu apoio, os seus conselhos, os seus ensinamentos e a sua confiança inabalável.

Gostaria de expressar a minha gratidão e respeito aos membros do júri.

Gostaria de começar por agradecer à Sra. **MERZOUK Hafida**, Professora Universitária e Diretora do Laboratório de Investigação em Fisiologia, Fisiopatologia e Bioquímica da Nutrição, que aceitou dedicar o seu tempo ao exame e julgamento deste trabalho como Presidente do Júri. Não se poupou a esforços para que este trabalho fosse efectuado nas melhores condições possíveis. Este trabalho é fruto da sua inspiração. Gostaria de expressar a minha profunda gratidão e agradecer-lhe por me ter dado oportunidade e o privilégio de trabalhar consigo no seu laboratório.

Gostaria de agradecer à Professora **BOUANANE Samira** pela honra que me deu ao aceitar avaliar esta tese e ser examinadora.

Gostaria também de expressar a minha gratidão à Professora **AIT YAHIA Dalila**, que aceitou fazer parte do júri como examinadora.

Gostaria também de agradecer ao Professor **SLIMANI Miloud**, que me deu a honra examinar o meu trabalho e participar no júri.

Gostaria também de expressar os meus sinceros agradecimentos ao Professor **AOUES Abdelkader** pela honra que me deu ao aceitar julgar este trabalho.

Gostaria também de expressar a minha sincera gratidão ao **Sr. MERZOUK Sid Ahmed**, pela sua dedicação e interesse no meu projeto de investigação e pelo seu apoio científico ao longo deste trabalho, pelo seu envolvimento, pelas suas críticas construtivas no domínio da estatística e pelo seu encorajamento, que contribuíram para a produção de um trabalho .

Gostaria também de agradecer à equipa do laboratório de lípidos UPRES, Faculdade de Ciências Gabriel, Universidade de Borgonha, Dijon, França.

Por último, gostaria de agradecer a todos aqueles que, uma forma ou de outra, contribuíram para a realização desta tese.

RESUMO

A obesidade está associada a perturbações metabólicas e a um stress oxidativo intenso, que pode ser agravado com a idade. O objetivo deste estudo foi testar o efeito benéfico do óleo de linhaça, que é rico em ácidos gordos polinsaturados n-3 (PUFA n-3), nas perturbações do metabolismo lipídico e do estado redox induzidas pela dieta de cafetaria (hiperlipídica e hipercalórica) em ratos wistar idosos. Os ratos idosos foram divididos em seis grupos alimentados com a dieta de controlo (padrão) com ou sem óleo de linhaça a (2,5% ou 5%) e outros alimentados com a dieta de cafetaria com ou sem óleo de linhaça em ambas as concentrações. Os ratos foram sacrificados após dois meses de dieta. Foram recolhidas amostras de sangue e de órgãos (fígado, tecido adiposo, músculo, intestino) para determinar as alterações do metabolismo lipídico e do estado redox. Os resultados mostram que a dieta de cafetaria induz obesidade, hiperglicemia e hiperlipidemia com alteração da composição de ácidos gordos no soro e nos órgãos de ratos wistar idosos. Estes ratos apresentaram também um estado redox alterado, com aumento dos níveis plasmáticos e tecidulares de malondialdeído (MDA), proteínas carboniladas (PCAR) e marcadores de oxidação das lipoproteínas, redução da vitamina C e alteração das actividades da catalase e da glutationa, com redução no plasma e aumento no fígado e no músculo, indicando um stress oxidativo evidente. A suplementação da dieta com óleo de linhaça *resulta* numa redução do peso corporal, numa redução da glicemia e dos níveis séricos de colesterol e triglicéridos e das lipoproteínas, e modula as actividades enzimáticas envolvidas no metabolismo lipídico (LPL, LCAT, LHS). A composição em ácidos gordos do fígado, do tecido adiposo e do soro é igualmente corrigida. O estado oxidante/antioxidante apresenta uma melhoria, caracterizada por um aumento das actividades das enzimas antioxidantes e da vitamina C e uma diminuição dos níveis de MDA, de hidroperóxidos e de proteínas carboniladas e dos marcadores da oxidação das lipoproteínas. Em conclusão, as alterações do metabolismo lipídico e do estado redox são exacerbadas pela obesidade durante o envelhecimento. O óleo de linhaça melhora estas perturbações graças ao seu elevado teor de (PUFA-ln-3). Por conseguinte, é necessária uma prevenção precoce através de uma nutrição adequada para limitar o desenvolvimento de doenças crónicas.

Palavras chave: obesidade, ratos idosos, dieta de cafetaria, estado oxidante/antioxidante, PUFAs.

ملخص

ترتبط السمنة بعدة تعقيدات أيضية تزداد سوءا مع التقدم في السن. تهدف هذه الدراسة أساسا إلى اختبار التأثيرات الإيجابية لزيت الكتان الغني بالأحماض الذهنية المتعددة غير المشبعة على أيض الدهون ,البروتينات ,السكريات وأيضا الوضع التأكسدي الذي يسببه النظام الغذائي كافتيريا (عالية الدهون و السعرات الحرارية) على الفئران المسنة من نوع ويستار. تم تقسيم الفئران المسنة إلى ستة مجموعات اتبعت نظاما غذائيا عاديا أو حمية كافتيريا المضاف له أو لا زيت الكتان بنسبة 2,5%(أو5%) بعد شهرين من النظام الغذائي تم إجراء التضحيات على الفئران وفحص عينات الدم و الأعضاء المتمثلة في (الكبد, الأنسجة الذهنية ,العضلات و الأمعاء) وذلك من أجل تحديد التغيرات الحاصلة في أيض ا لدهون وحالة الأكسدة. أظهرت النتائج أن النظام الغذائي كافتيريا يؤدي إلى الإفراط في الأكل مما يسبب الزيادة في وزن الجسم والنسيج الشحمي وتشبعه بالدهون وأيضا إلى اضطرابات في الوضع التأكسدي. استهلاك غذاء غني بزيت الكتان يؤدي إلى تخفيض وزن الجسم, انخفاض نسبة السكر في الدم وكذلك الكولسترول والدهون الثلاثية والبروتينات الذهنية و تنظيم أنشطة إنزيمات التمثيل الغذائي للدهون (LPL,LCAT,LHS) إضافة إلى تصحيح تكوين الأحماض الذهنية في المصل ,الكبد, والأنسجة الذهنية و تحسن الوضع التاكسدي من خلال زيادة أنشطة الإنزيمات المضادة للأكسدة، وفيتامين C و انخفاض النسب البلازمية والنسيجية لل PCAR, MDA و علامات أكسدة البروتين الذهني ختاما إظطرابات أيض الدهون وحالة الأكسدة تزداد مع السمنة و التقدم في السن. زيت الكتان الغني بالأحماض الذهنية المتعددة غير المشبعة يخفف من هذه الاضطرابات وعليه فإن الوقاية المبكرة من خلال التغذية المناسبة على وجه الخصوص يعد أمرا ضروريا للحد من تطور الأمراض المزمنة.

الكلمات المفتاحية: السمنة, الفئران المسنة , حمية كافتريا, الوضع التاكسدي, الأحماض الدهنية المتعددة غير المشبعة

DEDICACES

Com a ajuda de Deus, omnipotente, misericordioso e clemente, pude concluir esta obra, que dedico a :

Para a minha querida mãe

Como sinal da minha profunda gratidão e inegável apreço, por todos os sacrifícios que faz por mim, toda a confiança que deposita em mim e todo o amor com que me rodeia.

Ao meu querido pai

Ao exprimir a minha gratidão, o meu amor profundo e a minha paixão, pela sua confiança, pelo seu apoio moral e material e pelo seu amor infinito.

Ao meu marido Amar

Ao meu filho Mustapha Anés e aos meus sogros

Para Hanane, Assia , Amina , Dalel e Mamia

A toda a minha ***família*** *e amigos*

A todos ***os professores*** *que contribuíram para a minha formação.*

A todos aqueles que, uma forma ou de outra, contribuíram para o desenvolvimento deste trabalho.

PUBLICAÇÕES CIENTÍFICAS

LAISSOUF A, MOKHTARI-SOULIMANE N, MERZOUK H, BENHABIB N (2013). A suplementação dietética com óleo de linhaça melhora o estado antioxidante oxidante em ratos idosos obesos. ***Revista internacional de medicina e ciências farmacêuticas***, 3(2): 87-94.

COMUNICAÇÕES CIENTÍFICAS

1 er Congres International De La Société Algérienne de Nutrition. 05-06 dezembro, 2012, Oran, Argélia.

LAISSOUF A, KHOLKHAL F, AYAD A, MOKHTARI SOULIMANE N, MERZOUK H (2012). Os efeitos da dieta de cafetaria enriquecida com óleo de linhaça no estado oxidante/antioxidante em ratos wistar idosos.

Congresso Internacional IWIB4 10-11 de abril de 2013 Tlemcen, Argélia.

LAISSOUF A, MOKHTARI N, MERZOUK H (2013).Efeito terapêutico do óleo de linhaça *(Linum usitatissimum)* sobre a lipoproteína lipase e a hiperglicemia no tratamento da obesidade.

3º Congresso Internacional sobre Moléculas Bioactivas, Alimentos Funcionais e Doenças Associadas ao Stress Oxidativo .21-23 março, 2014, Hammamet, Tunísia

LAISSOUF A, MOKHTARI N, MERZOUK H (2014). O efeito da dieta de cafetaria enriquecida com óleo de linhaça "*linum usitatissimum*" no stress oxidativo em ratos wistar idosos.

Congresso Nacional IV Jornadas Científicas da Faculdade de Ciências Naturais e da Vida, 9-10 de abril de 2013 Mostaganem, Argélia

LAISSOUF A, MOKHTARI N, MERZOUK H (2013). O efeito da dieta de cafetaria enriquecida com óleo de linhaça "Linum usitatissimum" no peso corporal e no metabolismo lipídico em ratos wistar idosos.

Primeiro seminário em engenharia, saúde e análise (SEHA) 05 de maio de 2013, Alger, Algérie.

LAISSOUF A, MOKHTARI SOULIMANE N, MERZOUK H (2013). O efeito terapêutico do óleo de linhaça (Linum Usitatissimum) na hiperglicemia e hipercolesterolemia em ratos wistar obesos.

Fórum sobre o desenvolvimento das ciências da vida e do universo 14-15 de maio de 2013, Tlemcen, Argélia.

LAISSOUF A, MOKHTARI N, MERZOUK H (2013). O efeito do enriquecimento do óleo de linhaça "Linum usitatissimum" no plasma e no malodialdeído dos tecidos em ratos wistar obesos.

A alimentação é um dos principais factores que contribuem para o aparecimento de várias doenças.

Não é a única causa destas patologias, mas é um fator contributivo essencial entre outros factores ambientais ou genéticos. É um fator sobre o qual é possível intervir.

A questão do excesso de peso foi identificada como um dos principais problemas de saúde pública do século XXI (OMS, 2000), devido ao seu potencial impacto na saúde e à sua frequência crescente (STURM, 2007; JAMES, 2008; DE SAINT POL, 2009). De facto, ao longo das últimas décadas, a incidência da obesidade aumentou dramaticamente ao ponto de se tornar uma verdadeira epidemia global (KOPELMAN, 2000; CABALLERO, 2007), afectando a maioria das nações, independentemente do seu nível de desenvolvimento (BRANCA, 2008).

A obesidade reflecte uma falha do sistema de regulação das reservas energéticas devido a factores externos (estilo de vida, ambiente) e/ou internos (psicológicos ou biológicos, nomeadamente genéticos e neuro-hormonais) (BASDEVANT e GUY-GRAND, 2004). A epidemia de obesidade deve-se em grande parte à ocidentalização da alimentação (FRANCIS et al., 2009; KELLI et al., 2009). Nas suas últimas recomendações, a OMS salienta que "a má alimentação é um fator de risco para as doenças não transmissíveis e contribui para o excesso de peso e a obesidade" (OMS, 2010). Esta ocidentalização é acompanhada por uma ingestão elevada de gorduras, sendo que a gordura é a fonte alimentar mais calórica e o excesso de gordura é armazenado sob a forma de triglicéridos nos adipócitos (MICHALIK et al., 2000; FRANCIS et al., 2009). A adoção de uma dieta rica em gorduras e/ou hidratos de carbono é a principal causa do excesso de peso. Tanto nos seres humanos como nos animais, os estudos mostram uma relação entre o excesso de calorias (na maioria das vezes fornecidas pelo excesso de lípidos) e o aumento da gordura corporal (WEST e YORK, 1998; AILHAUD, 2007).

O tecido adiposo desempenha um papel essencial no armazenamento e na mobilização de energia, contribuindo assim para a regulação do metabolismo dos lípidos e das lipoproteínas. O excesso de tecido adiposo pode alterar o metabolismo dos lípidos e das lipoproteínas, modificando os seus níveis plasmáticos e a sua composição, com consequências muito significativas para a saúde (DIXON, 2010). A obesidade está associada a várias condições patológicas, incluindo a dislipidemia, a tolerância à glicose diminuída e a diabetes de tipo II.

Além disso, nos pacientes diagnosticados com síndrome metabólica, a hipertensão arterial e a doença das artérias coronárias são frequentes, aumentando consideravelmente o risco subsequente de enfarte do miocárdio (GRUNDY, 2006). A obesidade está associada a um aumento da mortalidade, nomeadamente cardiovascular (WHITLOCK et al., 2009). Dado que, por um lado, o desenvolvimento das doenças cardiovasculares na obesidade resulta de uma constelação de mecanismos pró-aterogénicos e que, por outro lado, as alterações do metabolismo dos lípidos e das lipoproteínas são uma das principais causas do desenvolvimento e da progressão das doenças cardiovasculares (ALBERTI et al., 2005). Durante o envelhecimento, as mesmas anomalias são observadas e até acentuadas (KELLEY et al., 2005).

Foi também estabelecido que a acumulação de gordura no tecido adiposo durante a obesidade leva à indução de stress oxidativo sistémico em roedores e humanos (GOURANTON e LANDRIER, 2007). O stress oxidativo corresponde a um estado de desequilíbrio no balanço redox nos sistemas biológicos. Este desequilíbrio pode dever-se a uma produção excessiva de espécies reactivas de oxigénio (ROS), a uma redução das defesas antioxidantes ou a uma combinação destes dois fenómenos (FULOP et al., 2010). Uma vez formadas, as ERO podem causar danos oxidativos, muitas vezes irreversíveis, num grande número de substratos biológicos (enzimas, proteínas, ADN, lípidos, glicose). Esta é a causa de numerosas patologias, nomeadamente a diabetes de tipo II (MAIESE CHONG et al. 2007), a obesidade (VINCENT, INNES et al., 2007) e o envelhecimento (ROMANO e SERVIDDIO, 2010). O envolvimento dos radicais livres e do stress oxidativo no envelhecimento foi proposto há mais de 50 anos (HARMAN, 1956). Com a idade, aumenta a frequência das patologias degenerativas ligadas ao processo de envelhecimento. A investigação realizada nas últimas décadas demonstrou que um grande número destas patologias, incluindo o cancro, as doenças cardiovasculares, a demência, as cataratas e o declínio da função imunitária, são promovidas pela produção de radicais livres (FULOP et al., 2010).

Embora a alimentação seja um fator de risco, pode também ser um fator de proteção. Vários estudos sublinharam os benefícios dos ácidos gordos polinsaturados n-3, nomeadamente no que diz respeito à dislipidemia e ao stress oxidativo (LINCHTENSTEIN et al., 1998; YESSOUFOU et al., 2006). Com efeito, parece que os países menos afectados pela obesidade são a Coreia e o Japão, grandes consumidores de peixe (muito rico em ácidos gordos polinsaturados) (LEE et al., 2002). A dieta mediterrânica (à base de legumes, frutas e cereais) também reduz o desenvolvimento do cancro porque é rica em AGPI, fornecidos pelo peixe e pelo azeite (LAVECCHIA, 2004). A maioria dos estudos sobre o efeito dos AGPI no desenvolvimento do tecido adiposo no caso da obesidade centrou-se nos AGPI n-3 (BUCKLEY et al., 2010).

As sementes de linhaça são um dos óleos mais ricos em PUFAs n-3. Os benefícios do óleo de linhaça podem associados ao potencial do ácido α-linolénico (ALA). De acordo com SIMOPOULOS e ROBINSON (1998), o óleo de linhaça é um dos óleos mais insaturados de todos. Representa a fonte vegetal mais rica em ácido alfa-linolénico (ALA; 50- 62% de óleo de linhaça), ou (22% de linhaça inteira) (PAN et al., 2009). Além disso, o óleo de linhaça contém 12,7% de ácido linoleico, o que lhe confere a relação n-3/n-6 mais elevada de todas as fontes vegetais (TZANG et al., 2009).

Estudos relataram uma redução da massa gorda visceral em animais alimentados com uma dieta obesogénica enriquecida com ALA, em comparação com dietas ricas em ácidos gordos saturados ou ácido linoleico (LA) (CHICCO et al., 2009; BARANOWSKI et al., 2012).

Os dados obtidos no homem e nos animais sugerem que os PUFA n-3 são capazes de reduzir a lipogénese (DUPLUS et al., 2002 ; FLACHS et al., 2009) e de estimular a oxidação (mitocondrial e peroxissomal) dos ácidos gordos (BUCKLEY et al., 2010 ; ROBINSON et al., 2007).

Numerosos estudos mostraram também que uma dieta enriquecida com PUFAs n-3 induz uma variação no balanço energético e no peso corporal, levando a uma redução da obesidade (LORENTE et al., 2013). Outros estudos em ratos mostraram que o óleo de peixe tem um efeito benéfico na resistência à insulina (STORLIEN et al., 1987). Estudos em humanos e em modelos experimentais também mostraram que os PUFAs n-3 reduzem os níveis de triglicéridos no plasma e no fígado (HARRIS, 1989; LICHTENSTEIN et al., 1998), bem como os níveis de colesterol, aumentando a excreção biliar (ZHAO et al., 2004). Além disso, os efeitos benéficos dos AGPI n-3 no stress oxidativo parecem ser cada vez mais evidentes. Os PUFA n-3 modulam as actividades das enzimas antioxidantes e aumentam a eficácia do sistema de defesa antioxidante do organismo (DEMOZ et al., 1992; VENKATRAMAN et al., 1994).

A combinação da obesidade e do envelhecimento pode acentuar o estado de stress oxidativo e alterar o estado de saúde. É neste contexto que se insere o nosso trabalho, centrado nos benefícios do óleo de linhaça, rico em AGPI n-3, nas perturbações do metabolismo lipídico e no estado oxidativo antioxidante ligado à obesidade e à idade.

Este trabalho baseia-se na utilização de um modelo experimental de obesidade nutricional. Durante um período experimental de dois meses, o rato wistar é alimentado com uma dieta rica em gorduras e calorias, conhecida como dieta de cafetaria, que é rica em ácidos gordos saturados. Os componentes desta dieta foram escolhidos de forma a imitar os hábitos alimentares observados no ser humano. Inicialmente, esta dieta foi administrada a ratos idosos em comparação com a dieta de controlo padrão, para compreender melhor o impacto da sobrealimentação (efeito de cafetaria) em ratos wistar idosos. Em seguida, a dieta de cafetaria e a dieta de controlo foram suplementadas com 2,5 e 5% de óleo de linhaça (óleo de Linum usitatissimum) e administradas a outros grupos de ratos idosos para determinar os seus benefícios no metabolismo e no estado oxidante/antioxidante.

CAPÍTULO 1

SITUAÇÃO ACTUAL DA PESSOA

I. Obesidade, envelhecimento e dislipidemia

Nas últimas décadas, os nossos hábitos alimentares sofreram profundas alterações, acompanhando as transformações da sociedade provocadas pela globalização, industrialização e urbanização (AILHAUD, 2007). Estas mudanças correspondem a uma transição nutricional caracterizada por perfis alimentares ocidentalizados (abundância de alimentos gordos e açucarados, produtos alimentares industriais ricos em energia mas com baixa densidade nutricional) e por estilos de vida sedentários. Esta transição nutricional é um fator importante na génese da obesidade, em associação com outros factores comportamentais (desestruturação das refeições, consumo de snacks, consumo excessivo de alimentos, consumo de fast food e de bebidas gaseificadas, etc.) e genéticos (JUNIEN et al., 2005).

Desde o final dos anos 90, a obesidade atingiu o estádio de epidemia global, afectando principalmente os países industrializados e em desenvolvimento. Em 2008, mais de 1,5 mil milhões de adultos em todo o mundo tinham excesso de peso, dos quais 502 milhões eram obesos. Até 2030, prevê-se que o número de pessoas com excesso de peso atinja os 3,3 mil milhões. A Argélia, tal como outros países do Magrebe, não foi poupada a este flagelo dos tempos modernos (Kemali, 2003). Um estudo sobre o índice de massa corporal (IMC) mostra que 15% da população argelina é obesa (KEMALI, 2003).

A obesidade é um dos factores de risco para o aparecimento de numerosas patologias, como as doenças cardiovasculares e a diabetes de tipo 2, aumentando o risco de morbilidade e mortalidade tanto nos países industrializados como nos países em desenvolvimento (SAKURAI, 2000 ; WHITLOCK et al., 2009).

A obesidade é definida como um aumento da gordura corporal, com consequências para o bem-estar físico, psicológico e social. A obesidade humana reflecte uma falha do sistema de regulação das reservas energéticas devido a factores externos (estilo de vida, ambiente) e/ou internos (psicológicos ou biológicos, nomeadamente genéticos e neuro-hormonais) (BASDEVANT e GUY-GRAND, 2004). Na maioria dos casos, a inflação de gordura deve-se a uma incapacidade de fazer face a um excesso de ingestão alimentar e a um gasto energético insuficiente (Figura 1). Este desequilíbrio pode ser acentuado por um aumento da capacidade de armazenamento. Existem portanto quatro actores fisiopatológicos: a ingestão alimentar, o gasto energético, o tecido adiposo e a comunicação entre os órgãos envolvidos no controlo do balanço energético (BASDEVANT, 2006).

No que diz respeito à relação entre a ingestão alimentar e o aumento de peso, o interesse tem-se centrado nos papéis respectivos da ingestão de gorduras e hidratos de carbono (LISSNER e HEITMANN, 1995; LECERF, 2008). As gorduras alimentares têm um valor energético mais elevado do que outros macronutrientes, baixa saciedade, alta densidade energética e alta palatabilidade, o que pode explicar por que razão uma dieta rica em gorduras pode levar a um aumento da ingestão de energia, um fenómeno conhecido como "excesso de consumo passivo" ou "fat bingeing" (BLUNDELLE e KING, 1996). O organismo tenta compensar o excesso de consumo de energia provocado pelos alimentos ricos em gorduras, mas os sinais de controlo do apetite pós-ingestivo desencadeados pela ingestão de gorduras são demasiado fracos ou atrasados, uma vez que a digestão e a absorção das gorduras são lentas: não conseguem impedir o consumo rápido de uma refeição rica em gorduras. Uma refeição rica em gorduras leva a consumo energético cerca de 10% superior ao de uma refeição rica em hidratos de carbono e, apesar deste consumo superior, a ingestão alimentar da refeição seguinte não é reduzida. O controlo da ingestão lipídica é regulado a longo prazo, enquanto o balanço dos substratos lipídicos parece mal regulado a curto prazo e o dispêndio energético associado à sua utilização (absorção intestinal, processamento, armazenamento) é baixo. A termogénese pós-prandial e as despesas associadas ao armazenamento representam apenas 4% da energia ingerida para os lípidos (30% para as proteínas, 9% para os hidratos de carbono). Devido à fraca capacidade de autorregulação oxidativa dos substratos lipídicos, o excesso de gordura ingerido é em grande parte armazenado no tecido adiposo, o que conduz a um aumento da massa gorda a longo prazo.

Num grande número de estudos transversais sobre diferentes populações, foi encontrada uma associação positiva entre o consumo de gorduras (em % do consumo total de energia) e os indicadores de obesidade (geralmente o IMC) (LISSNER e HEITMANN, 1995).

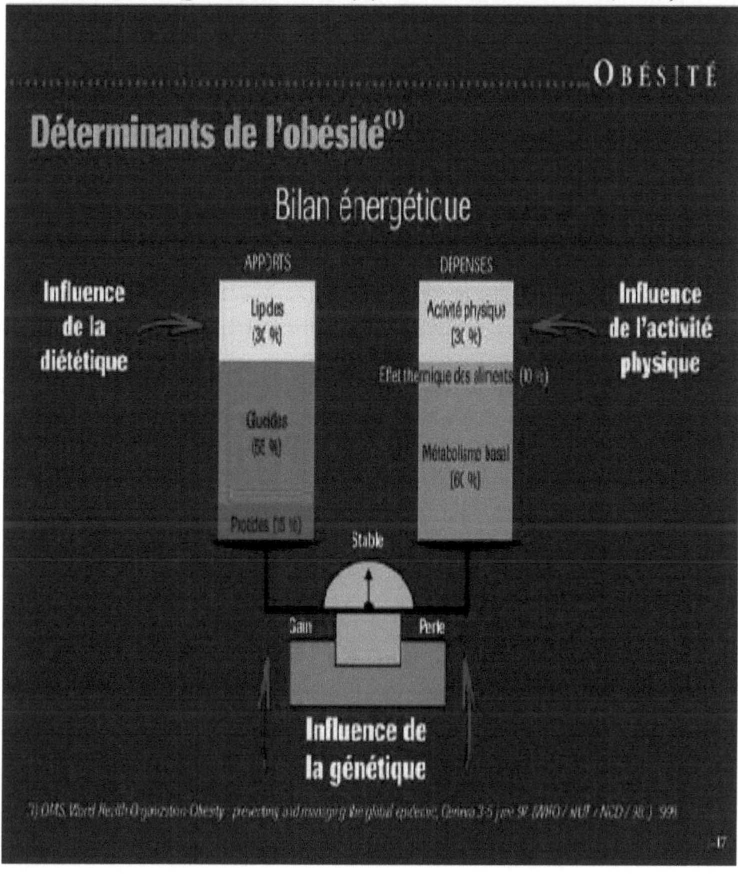

Figura 1: Factores determinantes da obesidade (OMS, 1999)

O tecido adiposo é o principal reservatório de energia mobilizável do organismo (KIESS et al., 2008). Nos mamíferos, existem dois tipos de tecido adiposo: o tecido adiposo branco, que constitui a maior reserva energética, e o tecido adiposo castanho, que está principalmente envolvido na termogénese (SAELY et al., 2012). A vantagem desta forma de reserva energética reside no facto de ser particularmente rentável em termos de densidade, devido à natureza hidrofóbica dos lípidos. É também um sistema de proteção térmica e mecânica. Por fim, o adipócito é um órgão endócrino e parácrino. Os adipócitos segregam um grande número de substâncias (Figura 2), que influenciam o equilíbrio energético, a função imunitária, o estado hormonal e o metabolismo. O tecido adiposo recebe e envia uma série de sinais aos seus parceiros metabólicos (HAUSMAN et al., 2001). As principais substâncias incluem a leptina, a adiponectina, o TNF- α, o inibidor do ativador do plasminogénio I (PAI-1), o angiotensinogénio, o estradiol, etc., mas muitas outras moléculas são também produzidas (AILHAUD, 2002).

O tecido adiposo tem uma plasticidade excecional (PENICAUD et al., 2000) e continua a ser capaz de se desenvolver. O aumento da massa gorda resulta de um aumento do tamanho dos adipócitos (hipertrofia) ou do seu número (hiperplasia), ou de ambos. A hipertrofia precede geralmente a hiperplasia. A hipertrofia resulta de uma acumulação de triglicéridos. O tamanho dos adipócitos é o resultado do equilíbrio lipogénese/lipólise. A partir de um determinado tamanho, a célula adiposa já não cresce; o aumento da capacidade de armazenamento exige um aumento do número de células. Este fenómeno é designado por hiperplasia e o número de adipócitos pode aumentar drasticamente. O aumento do número adipócitos resulta do processo de adipogénese, que envolve a proliferação de células estaminais e a sua diferenciação em adipócitos. Muitos fatores intrínsecos ou extrínsecos, moleculares e celulares estão envolvidos na proliferação do tecido adiposo (GAUVREAU et al., 2011).

Este processo complexo é controlado por vários sinais que modificam atividade dos factores de transcrição. As duas principais famílias envolvidas são as proteínas de ligação CCAAT/enhancer (C/EBP) e os receptores activados por proliferadores de peroxissoma (PPAR), que pertencem à superfamília dos receptores de hormonas nucleares do tipo esteroide. De acordo com a hipótese do "tamanho crítico", existe um tamanho máximo de célula. Assim, a célula adiposa diferenciada fica carregada de triglicéridos até atingir um tamanho crítico, para além do qual "recruta" um novo pré-adipócito. Isto pode levar a um aumento do número de adipócitos, ou seja, a uma hiperplasia (GAUVREAU et al., 2011).

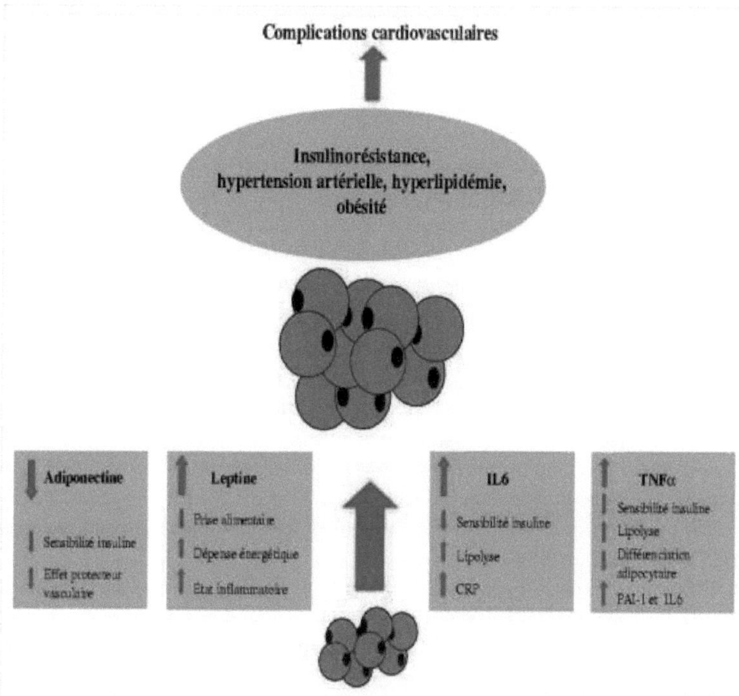

Figura 2. O desenvolvimento do tecido adiposo é acompanhado um aumento da secreção de adipocinas pró-inflamatórias que podem contribuir para as complicações da obesidade (FRUHBECK et al., 2001).

IL6: interleucina 6
PAI-1: inibidor do ativador do plasminogénio 1
PCR: Proteína C-reactiva
TNFa: de necrose tumoral

A obesidade leva a alterações no metabolismo dos hidratos de carbono e dos lípidos, conduzindo a complicações crónicas, incluindo a dislipidemia, que é a principal causa da aterosclerose e, consequentemente, das doenças cardiovasculares (CHAPMAN e SPOSITO, 2008). A dislipidemia ou hiperlipoproteinemia são condições comuns que envolvem um aumento permanente da concentração plasmática uma ou mais classes de lipoproteínas. A aterosclerose, consequência da dislipidemia, é atribuída a anomalias no metabolismo dos lípidos e das lipoproteínas plasmáticas. A obesidade é acompanhada por níveis plasmáticos elevados de triglicéridos, de ácidos gordos livres e de colesterol, bem como por um aumento das VLDL e das LDL e uma redução das HDL séricas (REAVEN, 2005; GRUNDY, 2006). O hiperinsulinismo, observado na obesidade, caracteriza-se por um aumento da lipogénese e/ou uma diminuição da lipólise (BJOMTORP, 1991). Observa-se também um excesso de massa gorda nos ratos obesos, cujos adipócitos, cujo número se mantém inalterado, são ricos em lípidos e de maiores dimensões do que os adipócitos dos ratos de controlo. Estes tornam-se menos sensíveis à ação da insulina, o que reduz a sua capacidade de converter a glicose em ácidos gordos livres e triglicéridos. Esta redução é considerada como um mecanismo de controlo da retroalimentação da lipogénese nas células adiposas já muito ricas em lípidos (GELARDI et al., 1990). Além disso, foram observadas nos obesos alterações qualitativas e quantitativas dos lípidos e das lipoproteínas que implicam alterações actividades enzimáticas específicas (LHS) (JOCKEN, 2007).

Durante o envelhecimento, as mesmas anomalias são observadas e mesmo acentuadas (KELLEY et al., 2005). Além disso, o envelhecimento é um processo que continua a fascinar os biólogos de todos os horizontes, quer se pela evolução, pela genética, pela sinalização ou pela toxicidade ambiental. O envelhecimento é caracterizado por uma deterioração fisiopatológica progressiva que leva a uma alteração homeostática, com um declínio progressivo da capacidade fisiológica, uma redução da capacidade de responder adaptativamente aos estímulos ambientais com a idade e um aumento da suscetibilidade a doenças (DEL VALLE, 2011).

O envelhecimento está associado a perturbações do metabolismo dos hidratos de carbono numa população significativa de idosos. A tolerância a uma carga de glicose é reduzida nos idosos sem diabetes mellitus ou obesidade, o que indica um grau de resistência à insulina. Estas alterações contribuem para um aumento dos níveis de glicose no sangue em situações pós-prandiais ou de stress, o que pode aumentar os processos de glicação não enzimática das proteínas (SZOKE et al., 2007).

O metabolismo dos lípidos é igualmente perturbado. O aumento dos níveis de colesterol por volta 50 anos deve-se a um aumento dos LDL devido a uma diminuição da sua depuração. A hipertrigliceridemia corresponde a um aumento das VLDL, cuja depuração é reduzida por uma diminuição da atividade da lipoproteína lipase.

Nos estudos nutricionais a longo prazo, os modelos animais continuam a ser insubstituíveis. Vários modelos animais têm sido utilizados para investigar doenças crónicas que ameaçam a saúde pública, como a obesidade, a diabetes tipo 2, a hipertensão, etc. Entre estes modelos, o rato ob/ob e o rato Zuker fa/fa são os mais utilizados (CARROLL et al., 2004; RUTH et al., 2008). Foram descritos vários tipos de dietas experimentais em animais para estudar o efeito de factores nutricionais. A maioria destas dietas centra-se num nutriente ou numa categoria de nutrientes (por exemplo, lípidos, frutose, sódio), mas não representa a dieta humana ocidentalizada (DEMIGNE et al., 2006). A primeira descrição de uma dieta rica em gordura (HFD) que induz a obesidade nutricional foi descrita em 1959 por MASEK e FABRY. Estudos posteriores demonstraram que esta dieta induz hiperglicémia e resistência à insulina (BUETTNER et al., 2006). Além disso, este tipo de dieta caracteriza-se não só pela sua capacidade de induzir um aumento do armazenamento de lípidos no tecido adiposo, mas também por um aumento do stress oxidativo em todo o sistema (SCOARIS et al., 2010). Para além da dieta hipergorda, a obesidade nutricional é induzida pela dieta de cafetaria. Esta dieta inclui uma variedade de alimentos ricos em calorias e palatáveis consumidos pelos seres humanos, tais como batatas fritas, chocolate, paté, salsichas, queijo, biscoitos, etc., em proporções variáveis. Esta dieta rica em calorias e gorduras induz a hiperfagia e a obesidade nos ratos (LOUIS-SYLVESTER, 1984). Este modelo é semelhante ao desenvolvimento da obesidade nutricional no ser humano após o consumo excessivo voluntário destes alimentos saborosos (BARBER et al., 1985).

A dieta de cafetaria, altamente palatável e rica em calorias, pode alterar o balanço energético do animal. O aumento da ingestão de alimentos observado em estudos de obesidade em humanos pode ser explicado por um forte apetite por alimentos doces e ricos em gordura. No entanto, os ratos alimentados com a dieta de cafetaria, que têm livre acesso aos seus vários componentes, também escolhem alimentos doces e ricos em gordura (ESTEVE et al., 1994). Normalmente, esta dieta induz hiperfagia, aumento da ingestão alimentar e obesidade (SHAFAT et al., 2009). Além disso, os ratos alimentados com a dieta de cafetaria apresentam anomalias metabólicas e stress oxidativo evidente (BOUANANE et al., 2009). Assim, a utilização de modelos de obesidade baseados no consumo de uma dieta enriquecida em gordura e/ou açúcar parece ser relevante para reproduzir a obesidade comummente observada nos seres humanos. A fim de reproduzir o mais fielmente possível os hábitos alimentares dos humanos ocidentais, optámos por utilizar uma dieta do tipo "cafetaria" constituída por uma mistura de alimentos comerciais ricos em gordura e açúcar (GROUBET et al., 2003).

II. Obesidade, envelhecimento e estado oxidante/antioxidante

O nosso organismo produz constantemente espécies reactivas de oxigénio (ERO), também conhecidas como radicais livres, em resultado do metabolismo oxidativo do oxigénio. Os radicais livres são espécies químicas (átomos ou moléculas) que possuem um ou mais electrões simples (electrões desemparelhados) na sua camada exterior e são capazes uma existência independente (HALLIWELL et al., 1989). Podem ser derivados do oxigénio ou de outros átomos, como o azoto. A presença de um único eletrão confere aos radicais livres um elevado grau de reatividade (meia-vida curta) e podem ser tanto espécies oxidantes como redutoras. Os radicais livres incluem o anião superóxido, o radical hidroxilo, o oxigénio singlete e de hidrogénio.

Os ERO estão presentes na célula em doses razoáveis e a sua concentração é regulada pelo equilíbrio entre a sua taxa de produção e a sua taxa eliminação pelos sistemas antioxidantes (HALLIWELL et al., 1989). Assim, no estado quiescente, diz-se que o balanço antioxidante/pro-oxidante (balanço redox) está em equilíbrio. Contudo, esta homeostase redox pode ser perturbada, quer por uma produção excessiva de ROS (como no envelhecimento ou na aterosclerose), quer por uma redução da capacidade antioxidante (como nas pessoas que sofrem de obesidade). É o que se designa por stress oxidativo (SIES, 1991). O paradoxo dos ERO reside no facto de serem produtos potencialmente tóxicos do metabolismo e, ao mesmo tempo, moléculas essenciais na sinalização e regulação celular (Figura 3).

Os ERO desempenham um papel fisiológico importante, actuando em baixas concentrações como mensageiros secundários capazes de :

- regular o fenómeno da apoptose, que é o suicídio programado das células que evoluem para o cancro (CURTIN et al., 2002)

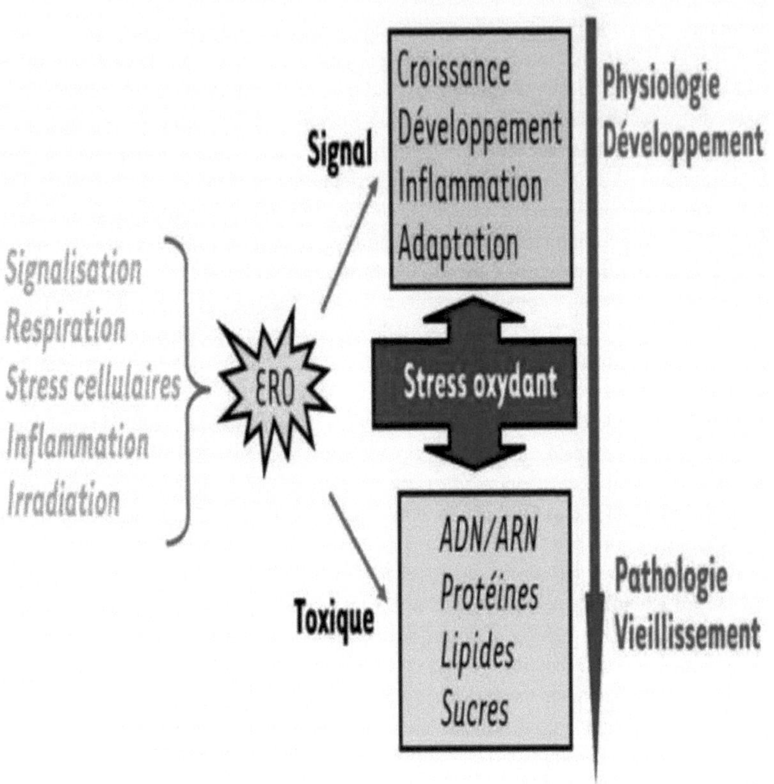

Figura 3: A dupla vida das espécies reactivas de oxigénio (ROS): pleiotropia contraditória e compromisso (DELATTRE, 2005)

- ativar factores de transcrição responsáveis pela ativação de genes envolvidos na resposta imunitária (OWUOR e KONG, 2002)
- Modular a expressão dos genes estruturais que codificam as enzimas antioxidantes (HOLGREM, 2003)

Se forem produzidos demasiados radicais livres, estes podem causar danos celulares importantes (CURTIN et al., 2002), provocando mutações no ácido desoxirribonucleico (ADN) (CADET et al., 2002; HOURIGAN, 2010), inactivando proteínas ou induzindo processos de peroxidação lipídica nos ácidos gordos polinsaturados das lipoproteínas ou da membrana celular. A peroxidação lipídica resulta do ataque de radicais livres a uma dupla ligação de um ácido gordo poli-insaturado, não esterificado ou esterificado (ésteres de colesterol, fosfolípidos, etc.). Na presença de oxigénio molecular, seguem-se reacções em cadeia que dão origem a numerosos compostos com estruturas diferentes, como os aldeídos, os isoprostanos, etc. (MOORE et al., 1998; DE ZWART et al., 1999). Os aldeídos, incluindo o dialdeído malónico (MDA) derivado da decomposição dos hidroperóxidos, podem reagir com o ácido tiobarbitúrico para dar compostos coloridos ou fluorescentes. Esta reação baseia-se num ensaio (TBARS: thiobarbituric acid-reactive substances). Foram efectuados vários estudos no ser humano para determinar se existe uma relação entre a concentração plasmática de TBARS e o envelhecimento. Num estudo efectuado no plasma de 66 indivíduos "normais" com idades compreendidas entre os 19 e os 90 anos, os investigadores observaram uma correlação muito significativa entre a concentração de TBARS e a idade dos indivíduos (POUBELLE et al., 1982).

Foram efectuados vários estudos para determinar se o envelhecimento conduz a uma acumulação de grupos carbonilo nas proteínas a nível celular. Esta acumulação foi medida em cultura de fibroblastos humanos em função da idade do dador. Ficou claramente demonstrado que este teor aumenta exponencialmente com a idade do dador (STADTMAN, 1992).

As origens celulares dos ERO são essencialmente enzimáticas e provêm de várias fontes. Existem duas fontes principais. A primeira resulta de imperfeições na cadeia respiratória mitocondrial, que produz ERO por redução monoelectrónica. A segunda grande fonte de produção de ERO é a NAD(P)H oxidase, localizada essencialmente na membrana plasmática, que interage com o substrato intracelular (NADH,H+, ou NADPH,H+) e liberta o ião superóxido preferencialmente no exterior ou no interior da célula (BEAUDEUX et al., 2005). Para além destas duas fontes principais de ERO, outras fontes citosólicas ou presentes em vários organelos celulares podem desempenhar um papel na modulação da sinalização celular, como a xantina oxidase, as enzimas do retículo endoplasmático liso (citocromos P450), as NO sintases e as enzimas da via do ácido araquidónico. As principais fontes de espécies reactivas de oxigénio e azoto são apresentadas na Figura 4.

O equilíbrio entre os efeitos positivos e negativos dos radicais livres é, por conseguinte, particularmente delicado. A produção de radicais livres é estritamente regulada pelo nosso organismo, que desenvolveu defesas antioxidantes para nos proteger contra os efeitos potencialmente destrutivos dos radicais livres. Estes sistemas são constituídos por (LEVINE e KIDD, 1996; GHISELLI et al., 2000)

- Enzimas (superóxido dismutases, catalase, glutatião peroxidases, pares tioredoxina-tioredoxina redutase, heme oxigenase)
- Proteínas transportadoras de ferro e cobre (transferrina, ferritina, ceruleoplasmina)
- Pequenas moléculas antioxidantes (glutatião, ácido úrico, bilirrubina, glucose, vitamina A, C, E, ubiquinona, carotenóides, flavonóides).
- Oligoelementos (cobre, zinco, selénio) essenciais para a atividade das enzimas antioxidantes.

Um sistema de defesa secundário, constituído por enzimas cujo papel consiste em impedir a acumulação de proteínas ou de ADN oxidados na célula e em degradar os seus fragmentos tóxicos, completa a panóplia de meios de proteção contra os radicais livres. Estas enzimas antioxidantes, como a peróxido dismutase, a catalase e a glutatião peroxidase, têm um carácter preventivo, na medida em que actuam sobre as espécies envolvidas no início da cadeia de reação dos radicais livres; enquanto as moléculas antioxidantes mais pequenas, como o ascorbato, o tocoferol, a ubiquinona, a ureia e a GSH, são capazes de capturar diretamente os radicais oxidantes e são, portanto, antioxidantes que "quebram" a cadeia dos radicais livres (BUETTNER, 1993). De um modo geral, as acções respectivas das diferentes enzimas antioxidantes não são da mesma ordem de importância (HARRIS, 1992).

Numerosos estudos referem um aumento do stress oxidativo durante a obesidade, devido a um aumento da produção de radicais de oxigénio e a uma redução da capacidade de defesa antioxidante através de uma diminuição da atividade das enzimas antioxidantes e dos níveis de vitaminas antioxidantes (Furukawa et al., 2004). A obesidade é considerada um estado inflamatório crónico de baixa intensidade, sendo a inflamação acompanhada por um aumento do stress oxidativo nas células adiposas, favorecendo o estabelecimento da resistência à insulina (ZARROUKI, 2007). O stress oxidativo sistémico aumenta com o grau de obesidade. Com efeito, o aumento dos TBAR no plasma está correlacionado com o índice de massa corporal e a circunferência da anca (OLUSI, 2002).

A produção de H2O2 aumenta apenas no tecido adiposo branco dos ratinhos KKAy obesos e não noutros tecidos (fígado, músculo, aorta), o que sugere que o tecido adiposo é o principal local de produção de ROS (FURUKAWA et al., 2004). Além disso, a indução da obesidade em ratinhos com uma dieta hiperlipídica aumenta significativamente as concentrações circulantes de marcadores de peroxidação lipídica e induz a oxidação da albumina plasmática. A concentração de proteínas carboniladas no tecido adiposo é 2 a 3 vezes superior nos ratos obesos do que nos controlos (GRIMSRUD et al., 2007).

Numerosos estudos sublinharam o envolvimento do stress oxidativo no envelhecimento (ROMANO e SERVIDDIO, 2010). Tem sido amplamente descrito que, com a idade, o stress oxidativo induz danos moleculares nos lípidos, proteínas e ácidos nucleicos em diferentes tecidos de várias espécies (BOKOV et al., 2004). O envelhecimento caracteriza-se por um declínio gradual das funções biológicas causado pela disfunção progressiva dos vários sistemas celulares de reparação e manutenção da homeostasia. Como resultado, acumulam-se danos irreversíveis nos lípidos, nas proteínas e nos ácidos nucleicos (HOLLIDAY, 2006; RATTAN, 2008). No entanto, não existe uma teoria única capaz de explicar as causas e os mecanismos de todos os aspectos do envelhecimento. A mais popular é, no entanto, a teoria dos "radicais livres" ou do "stress oxidativo" (KREGEL , 2007), concebida por HARMAN (HARMAN, 1956). Segundo esta teoria, as espécies reactivas de oxigénio (ROS) provocam o envelhecimento danificando o ADN e oxidando as proteínas e os lípidos (LONDOÑO-VALLEJO, 2009). Foi observado um aumento dos marcadores biológicos do stress oxidativo, como o dialdeído malónico (MDA), durante o envelhecimento em muitas espécies (LANE, 2003; DELATTRE et al., 2005).

Foram efectuados numerosos estudos sobre o plasma e os eritrócitos humanos compreender a evolução das actividades enzimáticas antioxidantes em função da idade. A este respeito, os eritrócitos são um modelo celular adequado, uma vez que estão expostos a um stress oxidativo contínuo devido, em particular, à produção de radicais livres oxigenados gerados pela auto-oxidação da hemoglobina. Enzimas como a superóxido dismutase (Cu,Zn-SOD), a glutatião peroxidase, a glutatião redutase e a glutatião S-transferase formam uma importante rede de defesa contra o "stress oxidativo" intra-eritrocitário. Um estudo realizado por CEBALLOS-PICOT et al (1992) nos eritrócitos de 167 indivíduos com idades compreendidas entre um mês e sessenta e três anos mostrou uma correlação negativa entre a idade e as actividades da SOD, da glutatião S-transferase e da glutatião redutase. No entanto, a correlação foi positiva para a glutationa peroxidase (CEBALLOS-PICO et al., 1992). Estes resultados não corroboram os obtidos noutros estudos. Por exemplo, numa população de 239 indivíduos com idades compreendidas entre os sessenta e cinco e os noventa anos, BERR et al (1993) não observaram qualquer diminuição significativa da SOD ou da glutatião redutase relacionada com a idade. A única correlação significativa encontrada neste estudo diz respeito ao selénio plasmático, que se encontra reduzido. Por fim, ARTHUR et al (1992), num estudo com 1836 indivíduos com idades compreendidas entre os 4 e os 90 anos, mostraram que a atividade da SOD eritrocitária se mantém mais ou menos constante até aos 65 anos; após esta idade, esta atividade diminui moderadamente. A atividade da glutationa peroxidase eritrocitária aumenta até aos dezoito anos, mantém-se estável até aos sessenta e cinco anos e depois diminui, mas também de forma moderada. Com base nos resultados destes três estudos, é difícil formar uma opinião precisa sobre a evolução da atividade das enzimas antioxidantes eritrocitárias durante o envelhecimento. Outros estudos sobre as vitaminas antioxidantes (vit E, vit C) conduziram a conclusões idênticas.

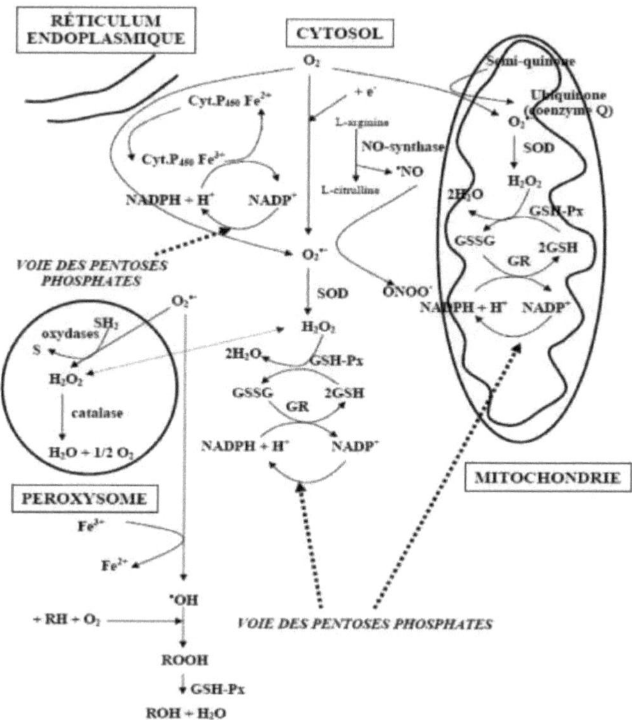

Figura 4: Principais fontes celulares de radicais livres (BONNEFOND-ROUSSELOT et al., 2003).

RH: ácido gordo poli-insaturado, ROOH: hidroperóxido lipídico, SH2: substrato redutor, S: substrato oxidado, SOD: superóxido dismutase, GSH-Px: glutatião peroxidase, GR: glutatião redutase, GSH: glutatião reduzido, GSSG: glutatião oxidado.

III. Efeito do óleo de linhaça na obesidade e no envelhecimento

O papel da dieta tem evoluído, com os alimentos a serem cada vez mais chamados a proporcionar benefícios fisiológicos em termos de gestão e prevenção de doenças (MAZZA e OOMMAH, 2000). Nos últimos anos, tem havido um interesse crescente nos ácidos gordos polinsaturados (AGPI) e no seu potencial papel benéfico para a saúde.

As sementes de linho são um dos óleos mais ricos em AGPI n-3. O óleo de linhaça é um óleo vegetal extraído das sementes um membro herbáceo anual do género *Linum* da família

Linaceae: *Linum usitatissimum* (também conhecido pelo nome comum de linhaça). Trata-se de um dos óleos comerciais mais antigos e o solvente do óleo de linhaça transformado é utilizado há séculos como óleo de secagem e de envernizamento de tintas. O óleo bruto é utilizado como adstringente em loções fungicidas e insecticidas e tem demonstrado propriedades repelentes de insectos moderadas (KAITHWAS e MAJUMDAR, 2010).

As sementes de linhaça são consumidas há séculos devido ao seu excelente sabor e conjunto de benefícios nutricionais revelados pela investigação científica. Estudos sugerem que a ingestão de sementes de linhaça na dieta pode beneficiar pessoas com certos tipos de cancro da mama e cancro da próstata (LU et al., 2005). As sementes de linhaça podem também reduzir a gravidade da diabetes, estabilizando os níveis de açúcar no sangue (DAHL et al., 2005). As sementes podem reduzir os níveis de colesterol (CUNNANE et al., 1993; PAN et al., 2009).

Os benefícios do óleo de linhaça podem ser associados ao potencial do ácido α-linolénico (ALA). De acordo com Simopoulos e Robinson (1998), o óleo de linhaça é um dos óleos mais insaturados de todos. Representa a fonte vegetal mais rica em ácido a-linolénico (ALA; 5062% de óleo de linhaça, ou (22% de sementes de linhaça inteiras) (PAN et al., 2009). Além disso, o óleo de linhaça contém 12,7% de ácido linoleico, o que lhe confere a relação n-3/n-6 mais elevada de todas as fontes vegetais (TZANG et al., 2009).

Os AGPI são classificados em 4 famílias principais (n-7, n-9, n-6, n-3). As duas primeiras famílias são conhecidas como não essenciais porque os seus respectivos precursores, o ácido palmitoleico e o ácido oleico, podem ser sintetizados pelo organismo. As n-6 e n-3 são essenciais porque os seus precursores devem ser fornecidos pela alimentação.

O ácido α-linolénico (ALA) é o precursor família ω-3 e o ácido linoleico (LA) é o precursor da família ω-6. Os principais AGs de cadeia longa derivados destes precursores por um processo de dessaturação e alongamento são o ácido araquidónico (20:4 n6) para a família ω-6 e o ácido eicosapentaenóico (EPA, 20:5 n3) e o ácido docosahexaenóico (DHA, 22:6 n3) para a família ω-3 (GIBSON et al., 2011) (Figura 5).

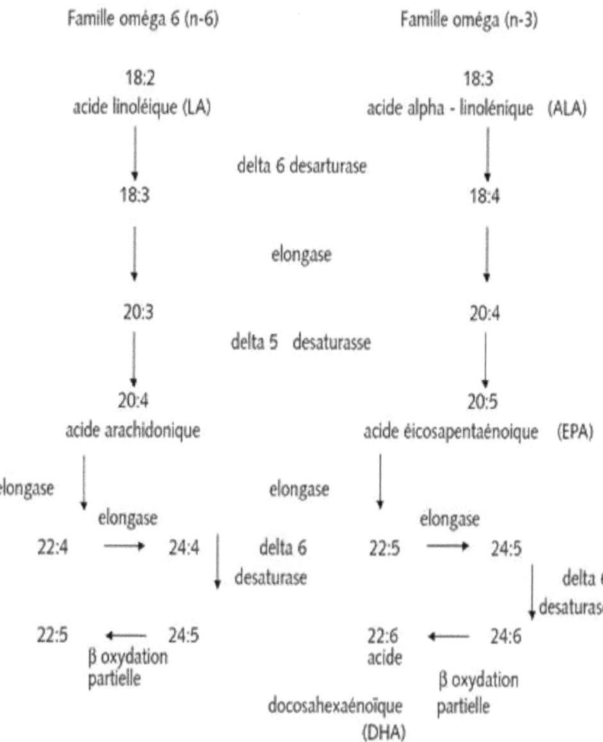

Figura 5: **Biossíntese dos ácidos gordos poli-insaturados e seus derivados** (AFSSA, 2001).

Vários autores demonstraram os benefícios dos PUFA n-3 na dislipidemia e no stress oxidativo (YILMAZ et al 2002; AILHAUD et GUESNET, 2003; MERZOUK et KHAN, 2003). DE LORGERIL et al (1994) mostraram que uma dieta cretense rica em ácido alfa-linolénico reduzia a taxa de enfarte do miocárdio em mais de 70%. Os efeitos fisiológicos dos AGPI n-3 ocorrem a vários níveis. Em primeiro lugar, desempenham um papel estrutural nas membranas celulares, pois são os constituintes naturais dos fosfolípidos das membranas. Regulam a atividade das enzimas, dos transportadores e dos receptores nas membranas biológicas, direta ou indiretamente, modificando as suas propriedades físico-químicas. O segundo nível envolve o processo de comunicação entre as células, uma vez que estes PUFAs são precursores essenciais da via de síntese dos eicosanóides, que regulam funções tão diversas como a reprodução, a fisiologia cardíaca, a coagulação sanguínea, a inflamação e o funcionamento das glândulas endócrinas e exócrinas, agrupando vários tipos de moléculas como as prostaglandinas. Por último, os AGPI interagem no núcleo das células adiposas e hepáticas, regulando a expressão dos genes envolvidos no seu transporte no sangue sob a forma de lipoproteínas e no seu metabolismo através de receptores nucleicos (DURAND et al., 2002). Estudos realizados demonstraram que os ácidos gordos n-3 contidos no óleo de peixe são benéficos na prevenção e no tratamento de pacientes que sofrem de doenças cardiovasculares (XIN et al., 2013), pois têm vários locais de ação e, por conseguinte, vários efeitos, como a prevenção de arritmias, a ação anticoagulante e antiplaquetária, a modulação do crescimento celular na parede arterial, a melhoria da hemodinâmica vascular, a regulação da pressão arterial e a ação hipolipemiante. No que se refere a esta última propriedade, observou-se que estes ácidos gordos reduzem os níveis plasmáticos de triglicéridos e a síntese do colesterol LDL, ao mesmo tempo que aumentam o colesterol HDL e a atividade da enzima lecitina colesterol acil transferase (LCAT) (FUMERON et al., 1991).

SIRIWARDHANA et al (2013) demonstraram os benefícios dos PUFAs n-3 na obesidade, reduzindo a massa gorda, estimulando a lipólise e a oxidação dos ácidos gordos e inibindo a lipogénese e a produção de adipocitocinas pró-inflamatórias (Figura 6).

Além disso, na presença de ERO, os PUFA n-6 oxidam-se facilmente, formando peróxidos lipídicos. Além disso, a biossíntese destes ácidos gordos leva à formação de prostaglandinas pró-inflamatórias, ao passo que os PUFA n-3 (ácidos alfalinoleico e docosahexaenóico) são menos facilmente peroxidados e a sua biossíntese dá origem a prostaglandinas anti-inflamatórias. Os PUFA n-3 estimulam assim

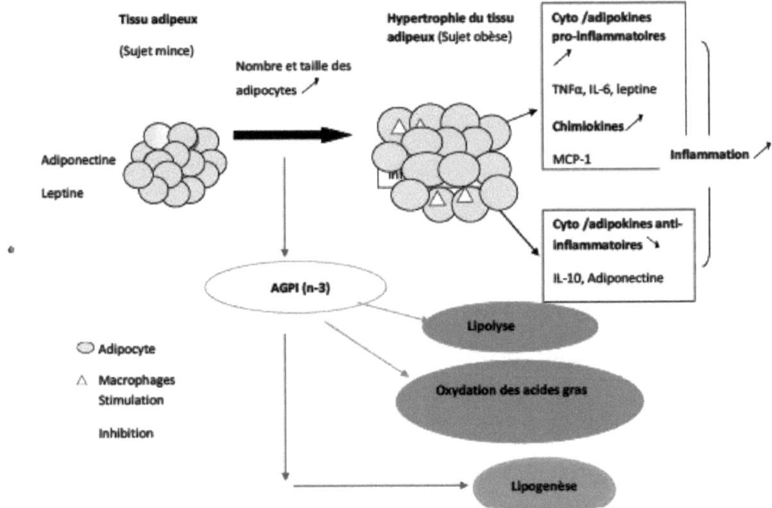

Figura 6: Efeito do ómega 3 na disfunção do tecido adiposo associada à obesidade (SIRIWARDHANA et al., 2013)

IL-6: interleucina 6

IL-10; interleucina 6

TNFa: fator de necrose tumoral

MCP-1: citocina denominada (Monocyte chemoattractant protein 1)

a atividade das enzimas antioxidantes, o que contribui em grande medida para melhorar o estado oxidante/antioxidante deficiente das pessoas obesas (SARSILMAZ et al., 2003).

A toma de um suplemento de AGPI n-3 melhora o controlo glicémico e aumenta a sensibilidade à insulina nos obesos. Os AGPI n-3 são rapidamente metabolizados e, por conseguinte, menos armazenados, o que explica os seus efeitos favoráveis no balanço energético dos obesos (STORLIEN et al., 1998).

Os efeitos benéficos dos PUFA n-3 no stress oxidativo são cada vez mais evidentes. Estes modulam as actividades das enzimas antioxidantes e aumentam a eficácia do sistema de defesa antioxidante do organismo (DEMOZ et al., 1992; VENKATRAMAN et al., 1994). MAKNI et al (2008) avaliaram os efeitos hipolipemiantes e hepatoprotectores de uma mistura de sementes de linhaça e de abóbora ricas em PUFAs n-3 e n-6 em ratos hipercolesterolémicos. ABDEL-MONEIM et al (2010), num estudo com ratos albinos machos, avaliaram o efeito do óleo de linhaça no stress oxidativo induzido pelo acetato de chumbo e a sua toxicidade no fígado, e mostraram que o óleo de linhaça reduz significativamente os danos e a inflamação do fígado e, obviamente, actua como agente hepatoprotector.

CAPÍTULO 2

MATERIAIS E MÉTODOS

I. Protocolo experimental

I.1. Animais e regimes alimentares

O estudo foi efectuado em ratos Wistar criados no biotério do Departamento de Biologia, Faculdade de Ciências Naturais e da Vida e Ciências da Terra e Universais, Universidade Aboubekr BELKAID-TLEMCEN. Os animais têm livre acesso a água e comida.

Ratos machos com 18 meses de idade e peso entre 320 e 350 g foram separados em seis grupos e alimentados com seis dietas diferentes:

❖ **Um lote de controlo (C)**: constituído por 10 ratos que seguem uma dieta comercial normal.

❖ **Um lote de controlo de linho a 2,5% (CL2,5%):** constituído por 10 ratos que consumiram a dieta padrão enriquecida com 2,5% de óleo de linhaça.

❖ **Um lote de controlo com 5% de linho (CL5%):** constituído por 10 ratos que consumiram a dieta padrão enriquecida com 5% de óleo de linhaça.

❖ **Um lote obeso (CAF):** constituído por 10 ratos que consumiram a dieta de cafetaria, composta por 30 g de dieta padrão e 30 g de uma mistura de paté-biscoitos secos-queijo-chips-chocolate-amendoins nas proporções 2:2:2:2:1:1:1 segundo o protocolo de DARIMONT et al. (2004).

❖ **Um lote obeso de linho a 2,5% (CAFL2,5%):** constituído por 10 ratos que consomem a dieta de cafetaria enriquecida com 5% de óleo de linhaça.

❖ **Um lote obeso de linho a 5% (CAFL5%):** constituído por 10 ratos que consomem uma dieta de cafetaria enriquecida com 5% de óleo de linhaça.

A composição das diferentes dietas é apresentada no quadro 1.

Os ratos foram alimentados com a dieta durante dois meses. O peso corporal e a ingestão de alimentos foram registados diariamente.

I.2. Sacrifícios e recolha de sangue

Após 2 meses de dieta, os ratos foram anestesiados com pentobarbital sódico (60 mg/kg de peso corporal) e sacrificados após 12 horas de jejum. O sangue foi recolhido por punção da aorta abdominal. Uma parte do sangue foi recolhida em tubos com EDTA e outra em tubos secos. As amostras recolhidas em tubos com EDTA são centrifugadas a 3 000 rpm durante 15 minutos. O plasma é recolhido para a determinação dos parâmetros de stress oxidativo (vitamina C, MDA, hidroperóxidos, carbonilos proteicos, dienos conjugados).

Quadro 1: Composição das dietas consumidas pelos ratos

Composição (% em peso)	**Dieta**					
	C	CL2,5% (%)	CL5%	CAF	CAFL2.5	CAFL5%
Proteínas	19	19	19	21	21	21
Hidratos de carbono	56	56	56	31	31	31
Lípidos	3,5	3,5	3,5	30	30	30
Óleo de girassol	5	2,5	0	5	2,5	0

Óleo de linhaça	0	2,5	5	0	2,5	5
Fibras	8	8	8	4	4	4
Humidade	5	5	5	4	4	4
Minerais	1	1	1	1	1	1
Vitaminas	4	4	4	4	4	4
Composição (% energia)						
Proteínas	20	20	20	16	16	16
Hidratos de carbono	60	60	60	24	24	24
Lípidos	20	20	20	60	60	60
Energia (Kcal/100g)	330	330	330	420	420	420
Ácidos gordos:						
AGS	27	20	22	42	32	22
AGMI	24	18	15	30	24	26
C18:2n-6	45	36	28	27	20	23
C18:3n-3	3	25	34	1	23	28
C20:4n-6	1	1	1	0	1	1

A composição das dietas foi determinada no Laboratório de Produtos Naturais, Faculdade SNVTU, Universidade de Tlemcen. A composição em ácidos gordos foi determinada por HPLC no laboratório de lípidos UPRES, Faculdade de Ciências Gabriel, Universidade de Borgonha Dijon, França. C: ratos com dieta de controlo; CL2,5%: ratos com dieta de controlo enriquecida com 2,5% de óleo de linhaça; CL5%: ratos com dieta de controlo enriquecida com 5% de óleo de linhaça; CAF: ratos com dieta de cafetaria; CAFL2,5%: ratos com dieta de cafetaria enriquecida com 2,5% de óleo de linhaça; CAFL5%: ratos com dieta de cafetaria enriquecida com 5% de óleo de linhaça.

Os restantes eritrócitos foram lavados três vezes consecutivas com água fisiológica e, em seguida, lisados com a adição de água destilada gelada (1/3, v/3v) e incubados durante 15 minutos no gelo. Os detritos celulares foram removidos por centrifugação a 5000 rpm durante 5 min. O lisado foi então recuperado para o ensaio enzima antioxidante eritrocitária catalase e do glutatião reduzido.

Após coagulação do sangue retirado de tubos secos e centrifugação a 3000 rpm durante 15 min, o soro é recuperado e armazenado com uma solução de NaN3 a 0,2% e Na2 EDTA a 10%, a uma taxa de 10 μľ/ml, a -20°C, com vista a testar os vários parâmetros do metabolismo das lipoproteínas e determinar a composição de ácidos gordos.

A glucose, a vitamina C e o LCAT são medidos no mesmo dia que a amostra.

I.3. Recolha de órgãos

Após a colheita de sangue, o fígado, o músculo gastrointestinal, o tecido adiposo visceral e parte do intestino foram cuidadosamente removidos, lavados com NaCl a 0,9% e pesados. Uma alíquota dos vários órgãos foi imediatamente triturada em tampão PBS, pH 7,4. O homogenato obtido foi utilizado para determinar os diferentes parâmetros do estado oxidante/antioxidante. Uma outra alíquota de tecido adiposo foi homogeneizada no mesmo tampão de trituração, completado com 20 mg/ml de leupeptina, 2 mg/ml de antipaína e 1 mg/ml de pepstatina (a leupeptina, a antipaína e a pepstatina são inibidores das proteases e, por conseguinte, da proteólise intracelular), segundo o protocolo de KABBAJ et al. (2003). O homogenato obtido foi utilizado para determinar a atividade da enzima LHS. Para a atividade da LPL, os homogenatos dos órgãos-alvo são preparados numa solução de NaCl a 0,9% (p/v) contendo heparina (Sigma, St. Louis, MO, U.S.A.), de acordo com MATH et al. (1991).

Os restos dos órgãos são armazenados a -80°C para ensaios de lípidos e proteínas e para determinar a sua composição em ácidos gordos.

II. Análises bioquímicas

II.1. . Determinação dos níveis de glucose, ureia e creatinina

❖ A glucose sérica é determinada enzimaticamente e colorimetricamente na presença de glucose oxidase (GOD). A glicose é oxidada em ácido glucónico e peróxido de hidrogénio. Este último, em presença da peroxidase e do fenol, oxida um cromogénio incolor (4-aminoantipirina) numa cor vermelha com uma estrutura de quinoneimina. A cor obtida é proporcional à concentração de glucose na amostra. A leitura é efectuada a um comprimento de onda de 505 nm (kit Prochima).

❖ A creatinina sérica é determinada pelo método de Jaffé, baseado na reação do ácido pícrico com a creatinina num meio básico, formando um complexo de coloração amarelo-alaranjada. A intensidade da coloração é medida num comprimento de onda de 530 nm (kit Prochima).

❖ A ureia sérica é determinada por um método colorimétrico baseado na utilização de diacetilmonooxina e de iões $Fe^{(+3)}$ (Prochima Kit). Na presença de iões $Fe^{(+3)}$ e de um agente redutor, a ureia reage com a diacetilmonooxina, formando um complexo de cor rosa. A coloração obtida é proporcional à quantidade de ureia presente na amostra. A leitura é efectuada a um comprimento de onda de 525 nm.

II.2. . Determinação das proteínas totais :

As proteínas totais foram determinadas nas fracções lipoproteicas e nos órgãos (após trituração como descrito acima) pelo método de LOWRY et al (1951), utilizando albumina de soro bovino como padrão (Sigma Chemical Company, St Louis, MO, EUA). Num meio alcalino, o complexo formado pelos iões Cu^{2+} e os grupos tirosina e triptofano das proteínas é reduzido pelo reagente de Folin. A cor azul desenvolvida é proporcional à quantidade de proteína na amostra. A leitura é efectuada a um comprimento de onda de 689 nm.

A proteína total no soro é determinada utilizando o reagente de biureto (kit Prochima).

II.3. . Determinação dos parâmetros lipídicos no soro, nas lipoproteínas e nos órgãos

II.3.1. . Separação de lipoproteínas

As lipoproteínas totais são isoladas do soro por precipitação segundo o método de BURSTEIN et al (1970, 1989). Em pH neutro, os polianiões, na presença de catiões divalentes, podem formar complexos insolúveis com as lipoproteínas (catiões-lipociões), pelo que a precipitação se efectua graças aos polianiões que se combinam com os lípidos das lipoproteínas. Geralmente, os polianiões utilizados são os sulfatos (SO^{3-}), os polissacáridos (heparina) e o ácido fosfotúngstico, enquanto os catiões são o Ca^{2+}, o $Mn^{(2+)}$ e o Mg^{2+}. Utilizando o mesmo reagente de precipitação em concentrações diferentes, é possível precipitar seletivamente as fracções lipoproteicas; assim, a concentrações cada vez mais elevadas, este reagente permite separar do soro, em primeiro lugar, as VLDL, depois as LDL e, por último, as HDL. Este princípio é semelhante ao da ultracentrifugação em gradiente de densidade das lipoproteínas. Quando a concentração varia, a densidade do meio também varia, permitindo uma precipitação selectiva. As lipoproteínas, precipitadas por ácido fosfotúngstico e MgCl2 em diferentes concentrações, são depois solubilizadas com uma solução de solubilização contendo tampão citrato trissódico e NaCl.

II.3.2. . Determinação dos níveis de colesterol e triglicéridos

O colesterol total e os triglicéridos foram determinados por métodos enzimáticos (kit Prochima) no soro total, nas várias fracções de lipoproteínas e nos homogenatos de órgãos (preparados por trituração de uma alíquota em tampão fosfato/EDTA, pH 7,2, adição de 1% de lauril sulfato de sódio (SDS) (1/1, v/v) e centrifugação a 3000 rpm durante 10 min).

II.3.3. . Extração de lípidos do soro e de órgãos e determinação da composição em ácidos gordos

A extração de lípidos do soro foi efectuada com uma mistura de metanol/clorofórmio/NaCl (2M) (1/1/0,9; v/v/v) para 0,5 ml de amostra, de acordo com o método de BLIGH e DYER (1959). Os lípidos dos órgãos (fígado, músculo gastrocnémio, tecido adiposo) foram extraídos segundo o método de FOLCH et al (1957), após trituração de uma alíquota do órgão (300 mg) em 1 ml de NaCl (2M), utilizando o ultraturax (Bioblockscientific, III Kirch, França).

É adicionada uma quantidade especificada (30 µї) de padrão interno (ácido heptadecanóico 17:0, $C_{17}H_{34}O2$ diluído em benzeno para 2mg/ml).

Após a extração, os ácidos gordos foram saponificados com 1 ml de NaOH metalónico 0,5N, agitados em vórtex e aquecidos a 80°C durante 15 minutos. A reação foi interrompida por choque térmico, colocando os tubos em gelo. Os ácidos gordos foram então metilados por adição de 2 ml de metanol BF3 (14% Bromotrifluorometanol) (SLOVER e LANZA, 1979). Após agitação em vórtex, os tubos foram fechados sob azoto e cozidos a 80°C durante 20 minutos. A reação foi interrompida por choque térmico. Em seguida, foram adicionados aos tubos 2 ml de NaCL saturado (35%) e 2 ml de hexano. Após agitação em vórtex, formaram-se duas fases. A fase superior foi utilizada injeção no cromatógrafo.

A análise foi efectuada por GC (cromatografia gasosa; Becker instruments, Downersgrove, IL); a coluna capilar (Applied Sciences Labs, State College, PA) era de Pyrex, com 50 m de comprimento e 0,3 mm de diâmetro interno, preenchida com 20 m de carbowax (Spiral-RD, Couternon, França). O cromatógrafo está equipado um injetor de ROS e um detetor de ionização de chama ligado a um integrador-calculador Enica 21 (DELSI instruments, Suresnes, França). Os ácidos gordos foram identificados por comparação dos seus tempos de retenção com os dos padrões de ácidos gordos (Nucheck-prep, Elysiam, MN, EUA). A área dos picos dos ácidos gordos é proporcional à sua quantidade e é calculada utilizando um integrador.

II.4. . Determinação da atividade da lecitina colesterol aciltransferase (LCAT, EC 2.3.1.43)

A atividade da LCAT é determinada no soro fresco através da estimativa da conversão do colesterol sérico em colesterol esterificado, utilizando o método de ALBERS et al (1986). O colesterol esterificado é medido antes e depois da incubação do soro fresco a 37°C durante 1 hora. O colesterol esterificado é medido após a precipitação do colesterol livre por digitonina (BAUER, 1982). O aumento dos níveis de colesterol esterificado corresponde à atividade enzimática da LCAT, que é expressa em nmoles de colesterol esterificado/h/ml de soro.

II.5. . Ensaio de lipase tecidular

II.5.1. . Determinação da atividade da enzima LPL (LPL, EC 3.1.1.34)

A atividade da lipase é determinada a partir do nível hidrólise TG de um substrato sintético, medindo a quantidade de ácidos gordos libertados por titulometria, utilizando a técnica PH - STAT (TAYLOR, 1985; TIETZ et al., 1989). Foi preparada uma emulsão de azeite (20 mL) e goma arábica (16,5 g) solubilizada em H_2O (165 mL) por sonicação (3 vezes 45 minutos). O substrato sintético contém 2,4 mL de emulsão, 300µl de solução de albumina de soro bovino (4% em tampão tris/HCl) e 300 µl de soro humano aquecido a 56°C. Incuba-se 100 uL de substrato sintético com 100 uL de sobrenadante (fonte de enzima) em 3 mL de tampão NaCl 100 mmol/L, CaCl2 5 mmol/L; PH 8, à temperatura ambiente com agitação durante 5 min. Após a incubação, o pH do meio (que se tinha tornado ácido devido à libertação de GLA) foi reposto no seu valor inicial através da adição de NaOH 0,05 mol/L. O volume de NaOH adicionado é então anotado e, após conversão, corresponde ao número de ácidos gordos libertados (mol).

Uma unidade de lipase é a quantidade de enzima que permite a libertação de um micromole de ácido gordo num minuto.

II.5.2. . Determinação da atividade da enzima lipase sensível às hormonas (LHS; EC 3.1.1.3)

A atividade lipolítica foi medida quantitativamente utilizando o método descrito por KABBAJ et al (2003). Esta atividade é medida com o éster *de p-nitrofenil butirato* (PNPB), hidrolisado na presença de lipase em *p-nitrofenol* e ácido butírico. A libertação de *p-nitrofenol* resulta no aparecimento de uma coloração amarela detectada a 400 nm. Os homogenatos de tecido adiposo foram incubados com PNPB em tampão (0,1 M NaH2PO4, pH 7,25, 0,9% NaCl, 1 mMditiotreitol) a 37°C durante 10 minutos. A reação foi interrompida pela adição de uma mistura de metanol/clorofórmio/heptano (10/9/7). Após centrifugação a 800 g durante 20 minutos, as soluções foram incubadas durante 3 minutos a 42°C. A absorvância lida a 400 nm foi utilizada para calcular a concentração utilizando um coeficiente de extinção molar de 12,75 10^3 M^{-1} cm^{-1} para o *p-nitrofenol.*

Uma unidade enzimática é a quantidade de enzima capaz de libertar um µmole de p-nitrofenol por minuto e por mg de proteína.

III. Determinação do estado oxidante/antioxidante

III.1. 1. Determinação da vitamina C

A vitamina C plasmática é determinada segundo o método de ROE e KUETHER (1943), utilizando o reagente de coloração Dinitrofenilhidrazina-Tiureia-Cobre (DTC) e uma gama-padrão ácido ascórbico.

Após precipitação das proteínas plasmáticas com ácido tricloroacético (10%) e centrifugação, uma alíquota do sobrenadante foi misturada com o reagente DTC (ácido sulfúrico 9 N, 3% de 2,4-dinitrofenil-hidrazina, 0,4% de tioureia e 0,05% de sulfato de cobre). A mistura foi incubada durante 3 horas a 37°C. A reação foi interrompida pela ácido sulfúrico a 65% (v/v) e a absorvância foi lida a 520 nm. A intensidade da cor obtida é proporcional à concentração de vitamina C presente amostra. A concentração é determinada a partir de uma curva-padrão obtida com uma solução de ácido ascórbico.

III.2. 2. Determinação das proteínas carboniladas

As proteínas plasmáticas ou tecidulares carboniladas (marcadores da oxidação proteica) são medidas pela reação da 2,4- dinitrofenil-hidrazina, segundo o método de LEVINE et al. (1990). O homogenato de plasma ou de órgão foi incubado durante 1 h à temperatura ambiente na presença de dinitrofenilhidrazina (DNPH; preparado em HCL) ou apenas com HCL para o ensaio em branco. As proteínas foram então precipitadas ácido tricloroacético (TCA) e lavadas 3 vezes com etanol: acetato de etilo 1:1 (v/v) e 3 vezes com TCA.

O sedimento é solubilizado numa solução de guanidina.

As leituras foram efectuadas a 350 e 375nm. A concentração de grupos carbonilo é calculada utilizando um de extinção (E = 21,5 $mmol^{-1}$. L. cm $^{-1)}$.

III.3. 3. Determinação do hidroperóxidos

Os hidroperóxidos plasmáticos são medidos por oxidação iões férricos utilizando o alaranjado de xilenol (Rockford, IL, EUA) em conjugação com o ROOH redutor específico da trifenilfosfina (TPP), de acordo com o método de NOUROOZ-ZADEH et al. (1996). Este método baseia-se na peroxidação rápida que transforma o Fe2+ em Fe3+ num meio ácido. Na presença de xilenol laranja [(O-cresolsulfonftaleína-3',3"-bis (ácido metiliminodiacético sódico)], os iões Fe3+ formam um complexo laranja Fe3+-xilenol. A absorvância deste complexo corado é medida a 560 nm. O nível hidroperóxidos no plasma corresponde à diferença entre a absorvância da amostra e a absorvância do branco.

III. 4. Determinação do malondialdeído (MDA)

O malondialdeído (MDA) é o marcador de peroxidação lipídica mais utilizado. O ensaio baseia-se no método de Draper et Adley al (1996), utilizando um tratamento ácido quente com ácido tiobarbitúrico (TBA). O homogenato de plasma ou de órgão foi incubado durante 20 minutos a 100°C com TBA e ácido tricloroacético (TCA). Após incubação, arrefecimento e centrifugação a 4.000 rpm durante 10 minutos, a leitura é efectuada no sobrenadante que contém o MDA. O TBA reage com os aldeídos para formar um produto de condensação cromogénico constituído por 2 moléculas de TBA e uma molécula de MDA, que absorve a 532 nm. =A concentração de MDA no plasma ou no tecido é calculada utilizando uma curva-padrão de MDA ou o coeficiente de extinção do complexo MDA-TBA (E 1,56*10 ^{5}mol $^{-1}$ .L .cm $^{-1}$a 532 nm).

III.5. 5. A oxidação in vitro das lipoproteínas séricas, induzida por metais (cobre), é determinada pela monitorização da formação de dienos conjugados ao longo do tempo, utilizando o método de ESTERBAUER et al. (1989). Os dienos são considerados os produtos primários da oxidação lipídica e têm uma absorção ultravioleta a 234 nm. A adição de CuSO4 (IOOµM) ao soro provoca a oxidação das lipoproteínas séricas que resulta num aumento progressivo da densidade ótica a 234 nm, após uma fase latente. Este aumento da absorvância marca a formação crescente de dienos conjugados, cuja concentração é estimada através do coeficiente de extinção (E =29,50 $mmol^{-1}$. L .cm^{-1}; a 234 nm). As variações da absorvância dos dienos conjugados em função do tempo são utilizadas para traçar a curva cinética, na qual são determinadas três fases consecutivas: fase latente, fase de propagação e fase de decomposição. A partir desta curva cinética, são determinados vários marcadores da oxidação in vitro das lipoproteínas plasmáticas:

- t (lag) min corresponde à duração da fase lag e marca o início do aumento da densidade ótica em relação ao valor inicial. O t (lag) é utilizado para estimar a resistência das lipoproteínas à oxidação in vitro.
- Taxa inicial de dienos conjugados (µmol/l)
- Taxa máxima de dienos conjugados (µmol/l)
- t (max) min é o tempo necessário para oxidação máxima. Marca o fim da fase de propagação e o início da fase de decomposição. Calcula-se na curva cinética, projectando o valor máximo da densidade ótica no eixo dos X (tempo expresso em minutos).

A taxa oxidação das lipoproteínas é calculada por :

(Taxa máxima de dieno conjugado - Taxa inicial de dieno conjugado)/t(max)- t(lag).

III.6. 6. Determinação da atividade da catalase (CAT; EC 1.11.1.6)

Esta atividade enzimática é medida por análise espectrofotométrica da taxa de decomposição de hidrogénio (AEBI, 1974). Na presença de catalase, a decomposição do de hidrogénio conduz a uma diminuição da absorção da solução de H2O2 em função do tempo. O meio de reação contém lisado de eritrócitos diluído a 1:500, H2O2 e tampão fosfato (50 mmol/l, pH 7,0). Após incubação, foi adicionado o reagente de coloração, sulfato de óxido de titânio (TiOSO4) (preparado em H2SO4 2N). As leituras foram efectuadas a 420 nm. As concentrações do H2O2 remanescente são determinadas utilizando uma gama padrão de H2O2 com tampão fosfato e reagente TiOSO4 para obter concentrações de 0,5 a 2 mmol/l no meio de reação. O cálculo uma unidade de atividade enzimática é :

$= A \log A_1 - \log A_2$.

A1 é a concentração inicial de H2O2

A2 é a concentração de H2O2 após a incubação

A atividade específica é expressa em U/g Hb ou U/ml.

III.7. 7. Determinação do glutatião reduzido (GSH):

O glutatião reduzido (GSH) é determinado pelo método colorimétrico com o reagente de Ellman (DTNB) (ELLMAN, 1959). A reação consiste em cortar a molécula de ácido 5,5-ditiodis-2-nitrobenzoi'que (DTNB) com GSH, que liberta ácido tionitrobenzóico (TNB) de acordo com a seguinte reação:

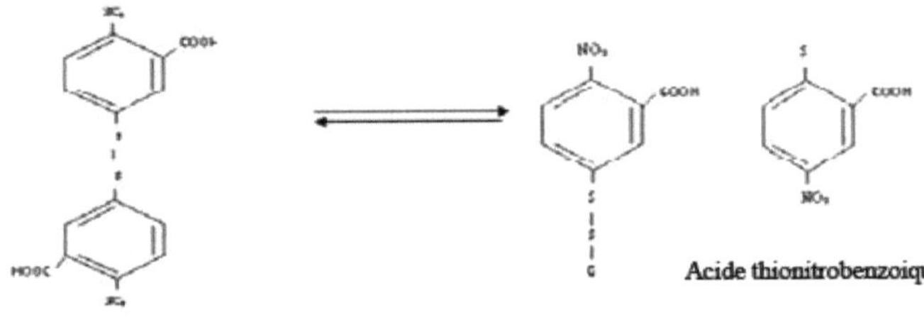

DTNB

Acide thionitrobenzoique (TNB)

O ácido tionitrobenzóico (TNB) em pH alcalino (8-9) apresentou uma absorvância a 412 min com um coeficiente de extinção igual a 13,6 $mM^{-1}.cm^{-1}$.

IV. Análise estatística

± Os resultados são apresentados como o erro padrão médio. Após a análise de variância, as médias entre os três grupos de ratos de controlo e entre os três grupos de ratos obesos foram comparadas através de um teste ANOVA de um fator. Esta análise foi completada com o teste de Tukey para classificar e comparar as médias em pares. As médias indicadas por letras diferentes (a, b, c, d) são significativamente diferentes ($P < 0,05$).

CAPÍTULO 3

RESULTADOS

E

INTERPRETAÇÃO

I. Peso corporal, consumo de alimentos e ingestão diária de energia em diferentes lotes de ratos (Figura 7, Quadro A1 nos apêndices)

I.I. Peso corporal em ratos de controlo e experimentais (Figura 7, Quadro A1 nos apêndices)

No início da experiência, os ratos utilizados neste estudo tinham um peso uniforme.
(± 20 g) e alimentados por dois meses com as diferentes dietas: padrão (C), padrão enriquecida com 2,5% de óleo de linhaça (CL2,5%), padrão enriquecida com 5% de óleo de linhaça (CL2,5%), cafeteria (CAF), cafeteria enriquecida com óleo de linhaça (CAFL2,5%) e (CAFL5%). No final da experiência, os ratos alimentados com a dieta de cafetaria (CAF) enriquecida ou não com óleo de linhaça apresentaram um aumento de peso significativo em relação aos respectivos controlos. No entanto, o aumento de peso observado nos ratos alimentados com a dieta de cafetaria enriquecida com óleo de linhaça (CAFL) foi significativamente inferior ao dos ratos alimentados apenas com a dieta de cafetaria (CAF). O óleo de linhaça reduziu o aumento de peso induzido pela dieta de cafetaria. A dieta de controlo (C) e a dieta de cafetaria suplementada com 5% de óleo de linhaça não induziram qualquer variação no peso corporal em comparação com a dieta suplementada com 2,5% de óleo de linhaça. De um modo geral, a dieta de cafetaria *provocou* um aumento do peso corporal nos ratos idosos após a primeira semana de dieta, sendo que esta variação de peso se tornou mais significativa após dois meses de dieta. A suplementação da dieta com óleo de linhaça provocou uma ligeira perda de peso nos controlos, mas esta foi significativa nos ratos obesos (cafeteria).

O índice de adiposidade (Tabela 2) foi significativamente mais elevado nos ratos obesos do que nos ratos de controlo. No entanto, o óleo de linhaça reduziu significativamente a adiposidade nos ratos submetidos à dieta de cafetaria.

I.2 Variação do consumo alimentar (figura 7, quadro A1 nos anexos)

Durante o período experimental (60 dias), o consumo de alimentos expresso em (g/d/rato) nos ratos de controlo e experimentais variou significativamente entre os diferentes lotes. Registou-se um aumento significativo da ingestão de alimentos nos ratos alimentados com a dieta de cafetaria em comparação com os ratos alimentados com a dieta padrão.

No entanto, os ratos alimentados com a dieta de cafetaria enriquecida com 2,5% e 5% de óleo de linhaça CAFL ingeriram significativamente mais alimentos do que os ratos alimentados com a dieta padrão enriquecida com 2,5% e 5% de óleo de linhaça CL, respetivamente, e mais do que os ratos alimentados apenas com a dieta de cafetaria.

I.3. Ingestão diária de energia em ratos de controlo e experimentais (Figura 7, Tabela A1 em apêndices).

A ingestão de energia (expressa em Kcal/J/rato) dos ratos obesos alimentados com a dieta de cafetaria enriquecida ou não com óleo de linhaça (CAF, CAFL2,5%, CAFL5%) aumentou significativamente em comparação com os respectivos controlos (C,CL2,5%,CL5%).

No entanto, a ingestão de energia apresentou uma redução significativa nos lotes que receberam a dieta de controlo e a dieta de refeitório enriquecida com óleo de linhaça, em comparação com os lotes que receberam a dieta de controlo e a dieta de refeitório não suplementada com óleo de linhaça.

II. Parâmetros bioquímicos do sangue

II.l.níveis séricos de glucose, ureia e creatinina em ratos de controlo e experimentais (Figura 8, quadro A2 nos apêndices)

Os ratos obesos idosos alimentados com uma dieta de cafetaria suplementada ou não com óleo de linhaça (CAF, CAFL2,5%, CAFL5%) apresentaram um aumento significativo dos níveis séricos de glicose em comparação com os respectivos controlos (C, CL2,5%, CL5%).

O óleo de linhaça reduziu significativamente os níveis de açúcar no sangue nos ratos (CAFL2,5%) e (CAFL5%) em comparação com os ratos (CAF). A redução foi mais pronunciada nos ratos (CAFL5%) do que nos (CAFL2,5%), em cerca de (2,7%).

No entanto, os ratos de controlo (CL2,5% e CL5%) não apresentaram qualquer variação nos níveis de glucose sérica em comparação (C).

Os ratos que receberam a dieta de cafetaria (CAF) apresentaram um aumento dos níveis séricos de ureia e creatinina em comparação com os outros lotes.

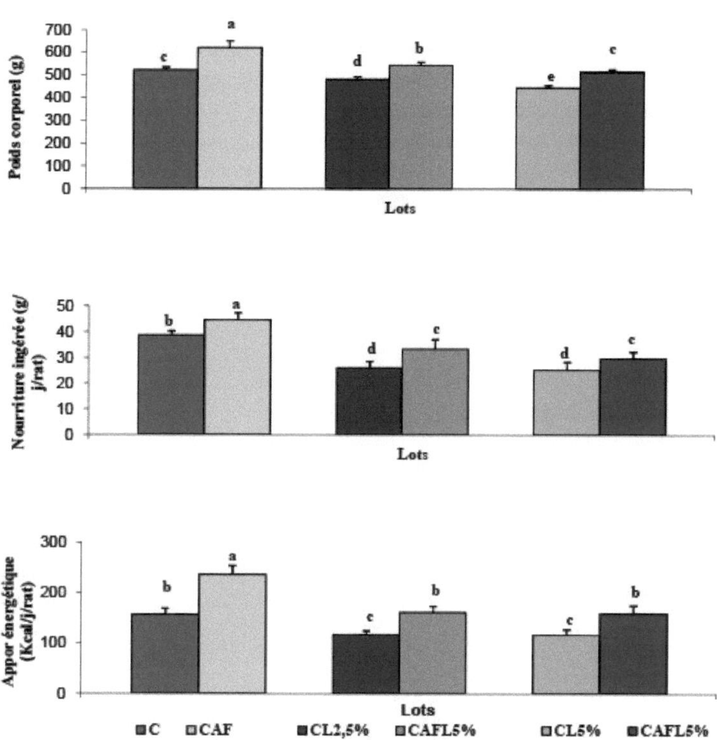

Figura 7: Peso corporal, ingestão de alimentos e ingestão de energia em diferentes lotes de ratos

Cada valor representa a média ± SE, n=10.C: ratos controle alimentados com a dieta padrão; CAF: ratos obesos alimentados com a dieta de cafeteria; CL2,5%: ratos controle alimentados com a dieta padrão enriquecida com 2,5% de óleo de linhaça; CAFL2,5%: ratos obesos alimentados com a dieta de cafeteria enriquecida com 2,5% de óleo de linhaça; CL5%: ratos controle alimentados com a dieta padrão enriquecida com 5% de óleo de linhaça; CAFL5%: ratos obesos alimentados com a dieta de cafeteria enriquecida com 5% de óleo de linhaça. Após verificação da distribuição normal das variáveis (teste de Shapiro-Wilk), as médias dos seis grupos de ratos foram comparadas através de um teste ANOVA de um fator. Esta análise foi completada pelo teste de Tukey para classificar e comparar as médias em pares. As médias indicadas por letras diferentes (a, b, c) são significativamente diferentes ($p<0,05$).

Quadro 2: gordura corporal em diferentes lotes de ratos

Lotes Parâmetro	Ratos padrão **(C)**	Refeitório dos ratos **(CAF)**	Ratos de linho padrão2,5% **(CL2,5%)**	Ratos cafeteria lin2,5% **(CAFL2,5)**	Ratos padrão lin5% **(CL5%)**	Ratos cafeteria lin5% **(CAFL5%)**	***P* (ANOVA)**
Índice de gordura corporal	$1,36\pm0,18^{d}$	2,56±0,22 a	$1,35\pm0,10^{d}$	2,29±0,28b	$1,01\pm0,12^{e}$	$1,59\pm0,14^{c}$	0,001

Cada valor representa a média ± EP, n=10.C: ratos controle alimentados com a dieta padrão;

CAF: ratos obesos alimentados com a dieta de cafeteria; CL2,5%: ratos controle alimentados com a dieta padrão enriquecida com 2,5% de óleo de linhaça; CAFL2,5%: ratos obesos alimentados com a dieta de cafeteria enriquecida com 2,5% de óleo de linhaça; CL5%: ratos controle alimentados com a dieta padrão enriquecida com 5% de óleo de linhaça; CAFL5%: ratos obesos alimentados com a dieta de cafeteria enriquecida com 5% de óleo de linhaça. Após verificação da distribuição normal das variáveis (teste de Shapiro-Wilk), as médias dos seis grupos de ratos foram comparadas através de um teste ANOVA de um fator. Esta análise foi completada pelo teste de Tukey para classificar e comparar as médias em pares. As médias indicadas por letras diferentes (a, b, c) são significativamente diferentes (p<0,05).

= **Índice de adiposidade** peso do tecido adiposo/peso do músculo g/g

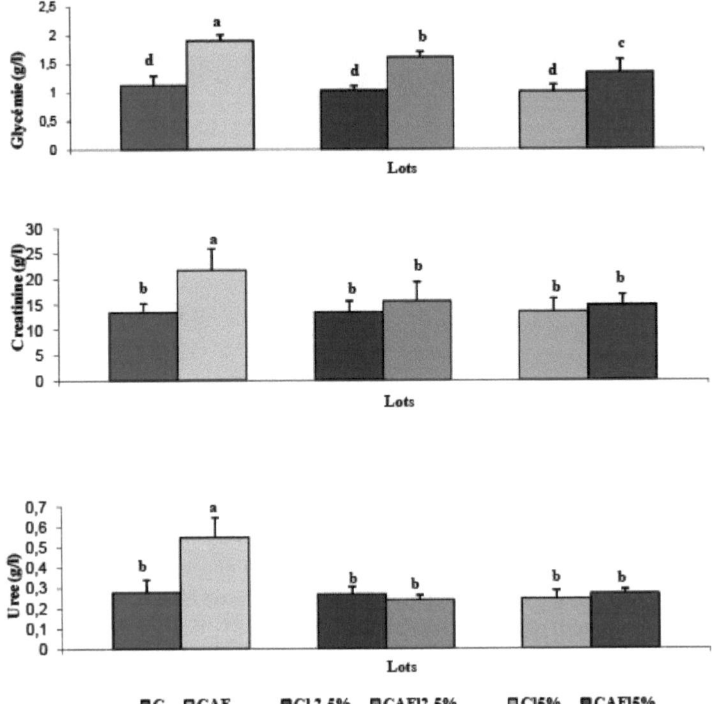

Figura 8: Níveis plasmáticos de glicémia, creatinina e ureia em diferentes lotes de ratos

Cada valor representa a média ± DP, n=10.C: ratos controle alimentados com a dieta padrão; CAF: ratos obesos alimentados com a dieta de cafeteria; CL2,5%: ratos controle alimentados com a dieta padrão enriquecida com 2,5% de óleo de linhaça; CAFL2,5%: ratos obesos alimentados com a dieta de cafeteria enriquecida com 2,5% de óleo de linhaça; CL5%: ratos controle alimentados com a dieta padrão enriquecida com 5% de óleo de linhaça; CAFL5%: ratos obesos alimentados com a dieta de cafeteria enriquecida com 5% de óleo de linhaça. Após verificação da distribuição normal das variáveis (teste de Shapiro-Wilk), as médias dos seis grupos de ratos foram comparadas através de um teste ANOVA de um fator. Esta análise foi completada pelo teste de Tukey para classificar e comparar as médias em pares. As médias indicadas por letras diferentes (a, b, c) são significativamente diferentes (p<0,05).

II.2. Níveis de colesterol sérico e de lipoproteínas (mg/dl) em ratos de controlo e experimentais (Figuras 9, Tabela A3 em anexos).

Os níveis séricos de colesterol total aumentaram significativamente nos ratos (CAF) em comparação com os outros lotes. Não foram registadas outras variações.

Em termos de lipoproteínas, verificou-se uma diminuição significativa do colesterol HDL nos ratos obesos (CAF, CAFL2,5% e CAFL5%) em comparação com os respectivos controlos (C, CL2,5%, CL5%), sendo a diminuição mais acentuada nos ratos (CAF). Além disso, foi registado um aumento significativo do colesterol HDL nos ratos (CL2,5% e CL5%) em comparação com os ratos (C).

Os níveis de colesterol LDL estavam significativamente aumentados nos ratos obesos submetidos à dieta de cafetaria (CAF) em comparação com os ratos de controlo (C). No entanto, verificou-se uma diminuição significativa dos níveis de colesterol LDL nos ratos (CAFL2,5% e CAFL5%) em comparação com os ratos (CAF) e nos ratos (CL5%) em comparação com os ratos (CAFL5%). Os níveis de colesterol LDL também foram significativamente reduzidos nos ratos de controlo com 2,5% e 5% de lin (Cl2,5% e CL5%) em comparação com os ratos de controlo (C).

Os ratos obesos que seguiram a dieta de cafetaria (CAF) apresentaram um aumento significativo dos níveis de colesterol VLDL em comparação com os ratos de controlo (C). A administração de óleo de linhaça aos grupos de ratos com dieta de cafetaria (CAFL2.5 e CAFL5%) reduziu significativamente os níveis de colesterol VLDL em comparação com os ratos com dieta de cafetaria (CAF). Foi também observada uma redução significativa nos ratos de controlo que receberam a dieta padrão de linho (CL2,5% e CL5%) em comparação com os ratos de controlo (C).

II.3. Níveis de triglicéridos (mg/dl) no soro e lipoproteínas em ratos de controlo e experimentais (Figura 10, Tabela A4 em apêndices).

Os níveis de triglicéridos séricos aumentaram significativamente nos ratos que receberam a dieta de cafetaria (CAF) em comparação com os ratos de controlo (C) e os outros lotes. A combinação de óleo de linhaça com a dieta de cafetaria reduziu significativamente a concentração de triglicéridos séricos nos ratos (CAFL2,5 e CAFL5%) em comparação com os ratos que receberam apenas a dieta de cafetaria (CAF), sendo a redução mais pronunciada para (CAFL5%) do que para (CAFL2,5%). Verificou-se também uma redução significativa dos níveis séricos de triglicéridos nos ratos de controlo do linho (CL2,5% e CL5%) em comparação com os ratos que receberam a dieta de controlo (C), com uma redução (6%) maior nos ratos (CL5%) em comparação com os ratos (CL2,5%).

No que diz respeito ao HDL, observou-se um aumento significativo dos níveis de triglicéridos nos ratos submetidos à dieta de cafetaria (CAF) em comparação com os ratos de controlo (C). O óleo de linhaça reduziu significativamente os níveis de HDL-triglicéridos tanto na dieta de cafetaria como na dieta padrão.

Observou-se um aumento significativo dos níveis de triglicéridos LDL nos ratos que receberam a dieta de cafetaria (CAF) em comparação com os seus controlos (C). O óleo de linhaça reduziu significativamente os triglicéridos LDL nos ratos (CAFL2,5% e CAFL5%) em comparação com os ratos que receberam apenas a dieta de cafetaria (CAF). Registou-se igualmente uma redução significativa de 4% nos ratos (CL5%) em comparação com os ratos (CL2,5%).

Os ratos que receberam a dieta de cafetaria (CAF) apresentaram um aumento significativo dos níveis de VLDL-triglicéridos em comparação com os ratos de controlo (C). A administração de óleo de linhaça aos grupos de ratos que receberam a dieta de cafetaria (CAFL2.5 e CAFL5%) reduziu significativamente os níveis de VLDL-triglicéridos em comparação com os ratos que receberam a dieta de cafetaria (CAF). Foi igualmente observada uma redução significativa dos triglicéridos VLDL nos ratos que receberam a dieta padrão de linho (CL2,5% e CL5%) em comparação com os ratos de controlo (C), com uma redução de 4,9% nos ratos (CL5%) em comparação com os ratos (CL2,5%).

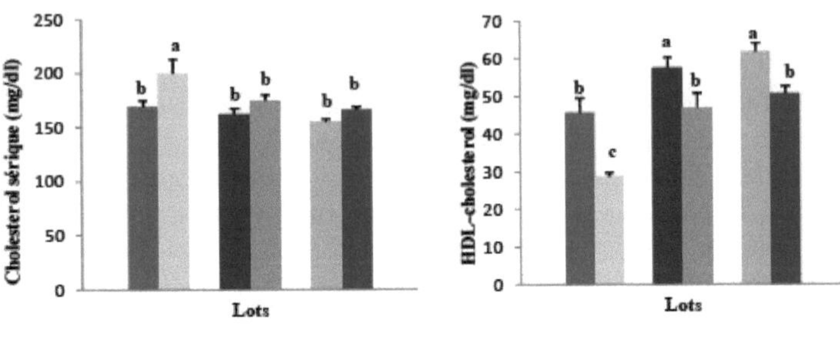

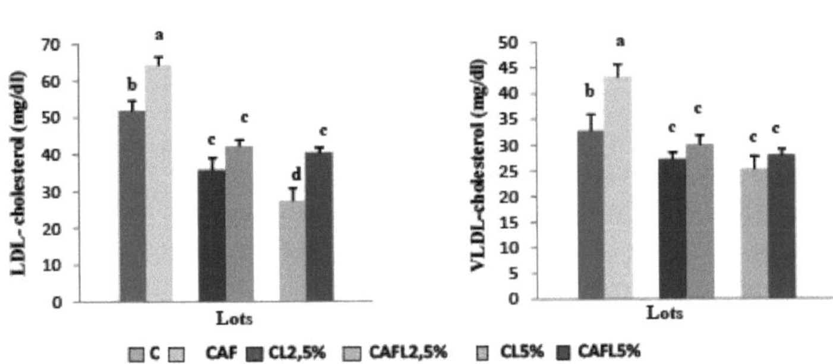

Figura 9: Níveis de colesterol (mg/dl) no soro e nas lipoproteínas em diferentes lotes de ratos

Cada valor representa a média ± DP, n=10.C: ratos controle alimentados com a dieta padrão; CAF: ratos obesos alimentados com a dieta de cafeteria; CL2,5%: ratos controle alimentados com a dieta padrão enriquecida com 2,5% de óleo de linhaça; CAFL2,5%: ratos obesos alimentados com a dieta de cafeteria enriquecida com 2,5% de óleo de linhaça; CL5%: ratos controle alimentados com a dieta padrão enriquecida com 5% de óleo de linhaça; CAFL5%: ratos obesos alimentados com a dieta de cafeteria enriquecida com 5% de óleo de linhaça. Após verificação da distribuição normal das variáveis (teste de Shapiro-Wilk), as médias dos seis grupos de ratos foram comparadas através de um teste ANOVA de um fator. Esta análise foi completada pelo teste de Tukey para classificar e comparar as médias em pares. As médias indicadas por letras diferentes (a, b, c) são significativamente diferentes ($p<0,05$).

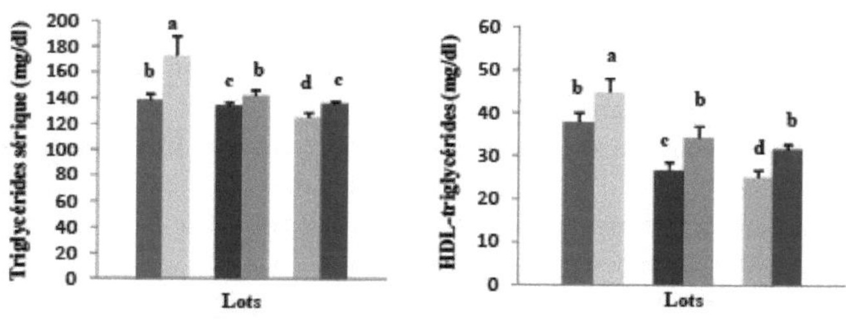

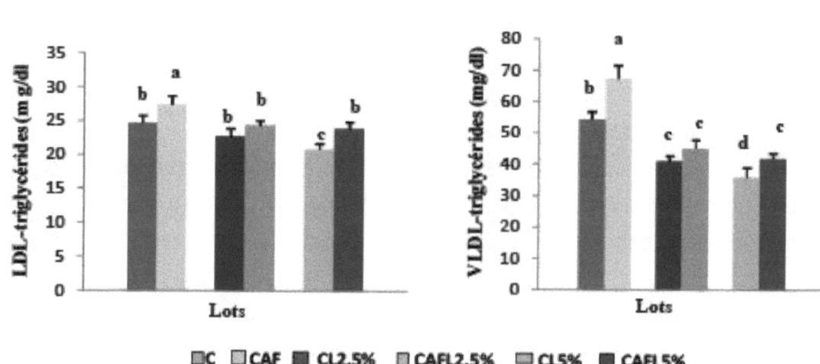

C CAF CL2,5% CAFL2,5% CL5% CAFL5%

Figura 10: Níveis de triglicéridos (mg/dl) no soro e nas lipoproteínas em diferentes lotes de ratos

Cada valor representa a média ± DP, n=10.C: ratos controle alimentados com a dieta padrão; CAF: ratos obesos alimentados com a dieta de cafeteria; CL2,5%: ratos controle alimentados com a dieta padrão enriquecida com 2,5% de óleo de linhaça; CAFL2,5%: ratos obesos alimentados com a dieta de cafeteria enriquecida com 2,5% de óleo de linhaça; CL5%: ratos controle alimentados com a dieta padrão enriquecida com 5% de óleo de linhaça; CAFL5%: ratos obesos alimentados com a dieta de cafeteria enriquecida com 5% de óleo de linhaça. Após verificação da distribuição normal das variáveis (teste de Shapiro-Wilk), as médias dos seis grupos de ratos foram comparadas através de um teste ANOVA de um fator. Esta análise foi completada pelo teste de Tukey para classificar e comparar as médias em pares. As médias indicadas por letras diferentes (a, b, c) são significativamente diferentes (p<0,05).

II.4 Níveis séricos de proteínas e lipoproteínas nos ratos de controlo e experimentais (figura 11, quadro A5 nos anexos).

Os níveis séricos de proteínas totais não apresentaram variações entre os diferentes grupos de ratos estudados, independentemente do tipo de dieta.

O conteúdo proteico das diferentes fracções de lipoproteínas variações significativas entre os diferentes lotes de ratos. Os níveis de proteínas nas HDL eram significativamente mais elevados nos ratos submetidos à dieta de cafetaria (CAF) do que nos ratos de controlo (C). Não se registaram outras variações nos outros lotes. Os níveis de proteínas nas LDL estavam significativamente aumentados nos ratos submetidos à dieta de cafetaria (CAF, CAFL2,5% e CAFL5%) em comparação com os respectivos controlos (C, CL2,5%, CL5%). Não houve diferença significativa entre os ratos de controlo (C) comparados com os ratos de controlo do linho (CL2,5%, CL5%).

O conteúdo proteico das VLDL dos ratos obesos não apresentou qualquer variação em comparação com os ratos de controlo.

II.5. Composição em ácidos gordos dos lípidos séricos totais em diferentes lotes de ratos (Quadro 2)

No soroácidos gordos saturados variaram significativamente entre os grupos de ratos estudados. ácidos gordos saturados (SFA) aumentaram nos ratos (CAF) em comparação com os ratos (C), nos ratos (CAFL2,5%) em comparação com os ratos (CL2,5%) e nos ratos (CAFL5%) em comparação com os ratos (CL5%). O enriquecimento da dieta de cafetaria e da dieta padrão com óleo de linhaça reduziu significativamente o teor de SFA. Com uma redução mais significativa e maior dos SFAs com a percentagem de 5% de óleo de linhaça.

No que diz respeito aos ácidos gordos monoinsaturados (MUFA), observou-se uma diminuição nos ratos (CAF) em comparação com os ratos (C) e nos ratos (CAFL2,5%) em comparação com os ratos (CL2,5%). O consumo da dieta de linhaça *resultou num* aumento MUFA no soro dos ratos (CAFL2,5% e CAFL5%) em comparação com os ratos (CAF). O aumento foi mais pronunciado com a percentagem de 5% do que com a percentagem de 2,5% de óleo de linhaça. No entanto, o conteúdo de C18:2n-6 mostrou um aumento nos ratos (C) em comparação com os ratos (CAF). A dieta de linho reduziu significativamente o teor de C18:2n-6 tanto em ratos submetidos a uma dieta normal como em ratos obesos submetidos a uma dieta de cafetaria.

Verificou-se um aumento significativo de C18:3n-3, C20:5n-3 e C22:6n-3 nos ratos que receberam a dieta de cafetaria ou a dieta padrão enriquecida com óleo de linhaça em comparação com os ratos que receberam a dieta não enriquecida com óleo de linhaça, sendo o aumento mais acentuado com a percentagem de 5% de óleo de linhaça. No entanto, verificou-se uma diminuição dos níveis séricos de C20:4n-6 em (CAF) em comparação com (C) e em (CAFL2,5 e CAFL5%) em comparação com (CL2,5% e CL5%), respetivamente.

III. PARÂMETROS TECIDULARES Parâmetros tecidulares

III.1 Pesos dos órgãos em diferentes lotes de ratos (Figura 12 e Quadro A6)

Os pesos dos órgãos dos ratos experimentais foram significativamente diferentes dos pesos dos ratos de controlo. Os grupos de ratos que receberam a dieta de cafetaria (CAF, CAFL2,5% e CAFL5%) apresentaram um aumento significativo do peso do fígado em comparação com os respectivos controlos (C, CL2,5%, CL5%). No entanto, o óleo de linhaça *provocou* uma diminuição significativa do peso do fígado nos ratos submetidos à dieta de cafetaria (CAFL2,5% e CAFL5%) em comparação com os ratos submetidos apenas à dieta de cafetaria (CAF). A dieta de cafetaria *resultou* num aumento significativo do peso do tecido adiposo nos ratos (CAF, CAFL2,5% e CAFL5%) em comparação com os respectivos controlos (C, CL2,5%, CL5%). O enriquecimento da dieta de cafetaria com óleo de linhaça *resultou* numa redução significativa do peso do tecido adiposo nos ratos (CAFL2,5% e CAFL5%) em comparação com os ratos que receberam apenas a dieta de cafetaria (CAF), com uma redução de 1,9% nos ratos (CAFL5%) em comparação com os ratos (CAFL2,5%). Foi também observada uma redução significativa nos ratos de controlo com 5% de linho (CL5%) em comparação com os ratos (CL2,5%). O peso muscular foi significativamente aumentado nos ratos que receberam a dieta de cafetaria em comparação com os ratos que receberam a dieta padrão. O peso muscular dos ratos que receberam a dieta de cafetaria enriquecida com óleo de linhaça a 2,5% ou 5% (CAFL2,5% e CAFL5%) foi significativamente reduzido em comparação com os ratos que receberam apenas a dieta de cafetaria (CAF). foi observada variação nos ratos que receberam a dieta padrão com ou sem óleo de linhaça.

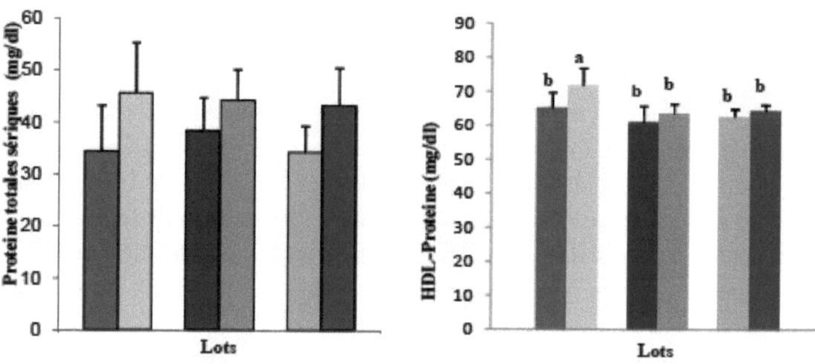

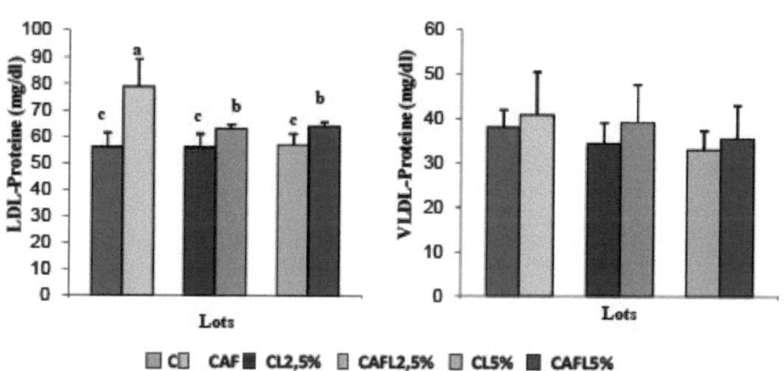

Figura 11: Teor proteico (mg/dl) do soro e das lipoproteínas em diferentes lotes de ratos
Cada valor representa a média ± DP, n=10.C: ratos controle alimentados com a dieta padrão; CAF: ratos obesos alimentados com a dieta de cafeteria; CL2,5%: ratos controle alimentados com a dieta padrão enriquecida com 2,5% de óleo de linhaça; CAFL2,5%: ratos obesos alimentados com a dieta de cafeteria enriquecida com 2,5% de óleo de linhaça; CL5%: ratos controle alimentados com a dieta padrão enriquecida com 5% de óleo de linhaça; CAFL5%: ratos obesos alimentados com a dieta de cafeteria enriquecida com 5% de óleo de linhaça. Após verificação da distribuição normal das variáveis (teste de Shapiro-Wilk), as médias dos seis grupos de ratos foram comparadas através de um teste ANOVA de um fator. Esta análise foi completada pelo teste de Tukey para classificar e comparar as médias em pares. As médias indicadas por letras diferentes (a, b, c) são significativamente diferentes ($p<0,05$).

Quadro 3: Composição em ácidos gordos dos lípidos séricos em diferentes lotes de ratos

\ AG% Lotes	Ratos padrão **(C)**	Refeitório dos ratos **(CAF)**	Ratos de linho padrão2,5% **(CL2,5%)**	Ratos cafeteria lin2,5% **(CAFL2,5)**	Ratos padrão lin5% **(CL5%)**	Ratos cafeteria lin5% **(CAFL5%)**	P (ANOVA)
AGS	34.19 ± 1.3^{c}	45.97 ± 1.4^{a}	22.44 ± 1.1^{f}	38.47 ± 1.22^{b}	23.94 ± 0.33^{e}	$32,14\pm1.2^{d}$	0,0001
AGMI	19.58 ± 1.0^{a}	19.01 ± 1.0^{a}	14.23 ± 1.1^{d}	14.52 ± 1.22^{d}	15.26 ± 1.32^{c}	18.21 ± 1.6^{b}	0,0001

C18:2 n-6	18.22±1.2^{a}	15.37±1.2^{b}	11.62±1.2^{e}	11.5±1.35^{e}	14.06±1.0^{c}	12.11±1.0^{d}	0,0001
C18:3 n-3	10.50±0.0 1^{d}	9.46±0.09^{e}	28,62±1.2^{b}	22.07±0.24^{c}	29.66±1.0^{a}	28.05±0.9^{b}	0,0001
C20:4 n-6	12.01±1.2^{b}	8,3±1.14^{d}	13.5 ±2.5^{a}	7,05±1.01^{d}	6,77±1.33^{c}	2,21±1.25^{e}	0,0001
C20:5 n-3	2.17±0.32^{c}	1.04±0.21^{d}	4,58±0.58^{b}	4.28 ±0.33 ^{b}	5,18 ±0.56^{a}	4,46 ±0.63^{b}	0,001
C22 :6 n-3	3,31±0.23^{c}	0,85±0.14^{e}	4,51±0.31^{b}	2,11±0.25^{d}	5,13±0.11^{a}	2,81 ±0.43^{d}	0,0001

Cada valor representa a média ± DP, n=10.C: ratos controle alimentados com a dieta padrão; CAF: ratos obesos alimentados com a dieta de cafeteria; CL2,5%: ratos controle alimentados com a dieta padrão enriquecida com 2,5% de óleo de linhaça; CAFL2,5%: ratos obesos alimentados com a dieta de cafeteria enriquecida com 2,5% de óleo de linhaça; CL5%: ratos controle alimentados com a dieta padrão enriquecida com 5% de óleo de linhaça; CAFL5%: ratos obesos alimentados com a dieta de cafeteria enriquecida com 5% de óleo de linhaça. Após verificação da distribuição normal das variáveis (teste de Shapiro-Wilk), as médias dos seis grupos de ratos foram comparadas através de um teste ANOVA de um fator. Esta análise foi completada pelo teste de Tukey para classificar e comparar as médias em pares. As médias indicadas por letras diferentes (a, b, c) são significativamente diferentes (p<0,05).

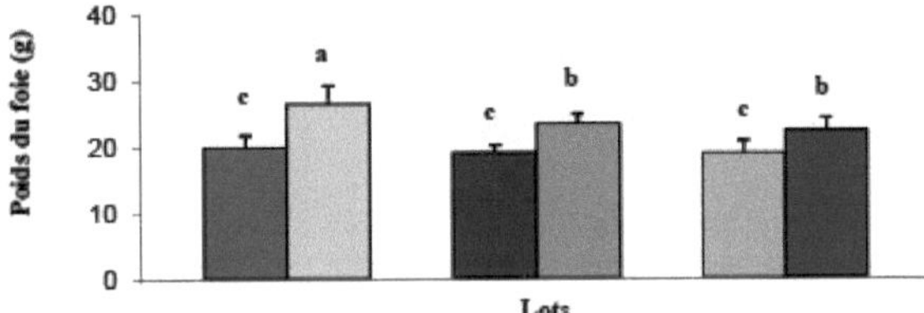

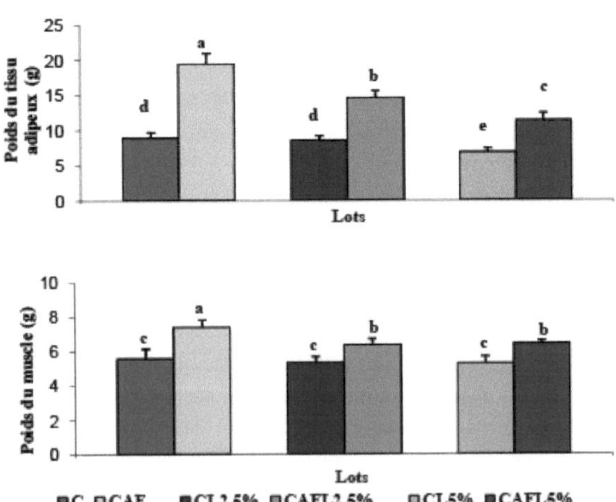

Figura 12: Pesos dos órgãos em diferentes lotes de ratos

Cada valor representa a média ± SE, n=10.C: ratos controle alimentados com a dieta padrão; CAF: ratos obesos alimentados com a dieta de cafeteria; CL2,5%: ratos controle alimentados com a dieta padrão enriquecida com 2,5% de óleo de linhaça; CAFL2,5%: ratos obesos alimentados com a dieta de cafeteria enriquecida com 2,5% de óleo de linhaça; CL5%: ratos controle alimentados com a dieta padrão enriquecida com 5% de óleo de linhaça; CAFL5%: ratos obesos alimentados com a dieta de cafeteria enriquecida com 5% de óleo de linhaça. Após verificação da distribuição normal das variáveis (teste de Shapiro-Wilk), as médias dos seis grupos de ratos foram comparadas através de um teste ANOVA de um fator. Esta análise foi completada pelo teste de Tukey para classificar e comparar as médias em pares. As médias indicadas por letras diferentes (a, b, c) são significativamente diferentes ($p<0,05$).

III.2 Teor total de lípidos (mg/g de tecido) dos órgãos em diferentes lotes de ratos (Figura 13 e quadro A7 nos apêndices)

Os níveis de lípidos totais no fígado, músculo e tecido adiposo estavam significativamente aumentados nos ratos obesos (CAF, CAFL2,5%, CAFL5%) em comparação com os respectivos controlos (C, CL2,5%, CL5%). A adição óleo de linhaça à dieta de cafetaria reduziu significativamente o teor de lípidos totais no fígado e no tecido adiposo dos ratos (CAFL2,5% e CAFL5%) em comparação com os ratos (CAF), com uma redução mais acentuada de cerca de 3,62% dos lípidos totais no tecido adiposo dos ratos (CAFL5%) em comparação com os ratos (CAFL2,5). Diminuição dos lípidos totais no fígado e no tecido adiposo dos ratos de controlo que receberam a dieta padrão enriquecida com óleo de linhaça (CL2,5% e CL5%) em comparação com os ratos de controlo que receberam apenas a dieta padrão (C), com uma diminuição mais acentuada dos lípidos totais no fígado dos ratos (CL5%) em comparação com os ratos (CL2,5). No entanto, os níveis de lípidos totais no intestino não diferiram entre os lotes de ratos obesos e de controlo.

III. 3 Níveis de colesterol total nos órgãos de diferentes lotes de ratos (Figura 14 e quadro A8 nos apêndices)

Os níveis de colesterol no fígado e no tecido adiposo estavam significativamente aumentados nos ratos obesos (CAF, CAFL2,5%, CAFL5%) em comparação com os respectivos controlos (C,CL2,5%,CL5%). A adição de 2,5% e 5% de óleo de linhaça à dieta de cafetaria induziu uma redução dos níveis de colesterol hepático e do tecido adiposo nos ratos (CAFL2,5% e CAFL5%) em comparação com os ratos (CAF).

Os ratos alimentados com a dieta de cafetaria enriquecida com 5% de óleo de linhaça (CAFL5%) apresentaram reduções mais significativas dos níveis de colesterol no tecido adiposo do que os alimentados com a dieta de cafetaria enriquecida com 2,5% de óleo de linhaça (CAFL2,5%). Também se verificou uma redução dos níveis de colesterol no fígado e no tecido adiposo dos ratos (CL2,5% e CL5%) em comparação com os ratos de controlo (C), com uma maior redução dos níveis de colesterol no tecido adiposo com o óleo de linhaça a 5%.

No entanto, os níveis de colesterol no músculo e no intestino não variaram entre os diferentes lotes de ratos, independentemente da sua dieta.

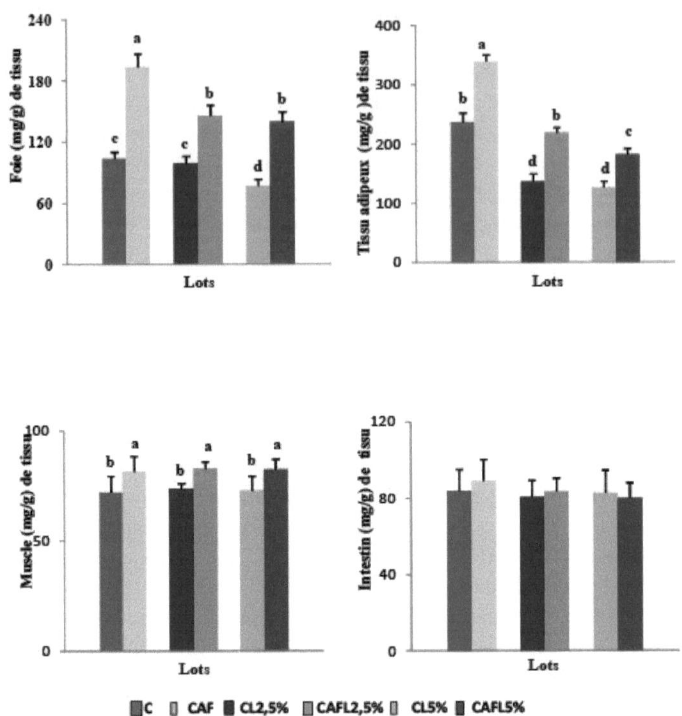

Figura 13: Teor de lípidos totais (mg/g de tecido) dos órgãos em diferentes lotes de ratos
Cada valor representa a média ± DP, n=10.C: ratos controle alimentados com a dieta padrão; CAF: ratos obesos alimentados com a dieta de cafeteria; CL2,5%: ratos controle alimentados com a dieta padrão enriquecida com 2,5% de óleo de linhaça; CAFL2,5%: ratos obesos alimentados com a dieta de cafeteria enriquecida com 2,5% de óleo de linhaça; CL5%: ratos controle alimentados com a dieta padrão enriquecida com 5% de óleo de linhaça; CAFL5%: ratos obesos alimentados com a dieta de cafeteria enriquecida com 5% de óleo de linhaça. Após verificação da distribuição normal das variáveis (teste de Shapiro-Wilk), as médias dos seis grupos de ratos foram comparadas através de um teste ANOVA de um fator. Esta análise foi completada pelo teste de Tukey para classificar e comparar as médias em pares. As médias indicadas por letras diferentes (a, b, c) são significativamente diferentes ($p<0,05$).

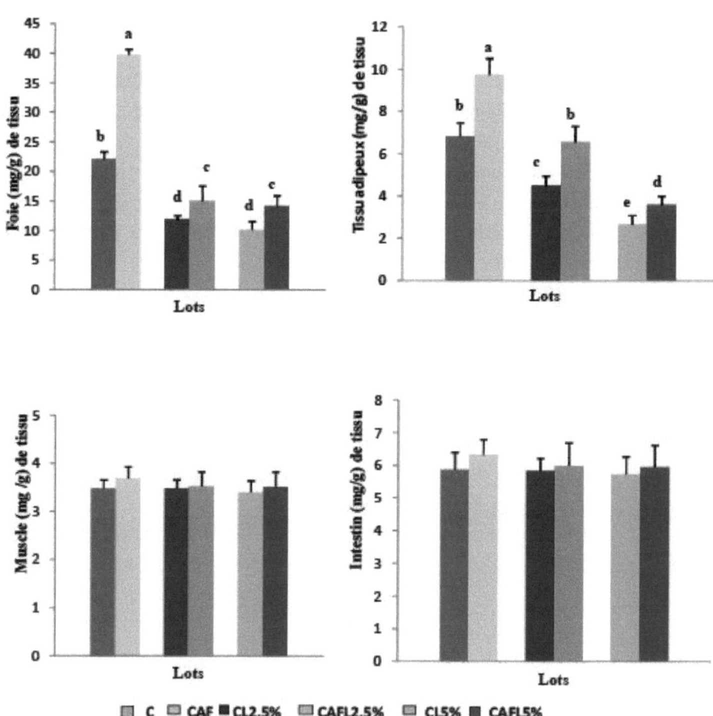

Figura 14: Níveis de colesterol total nos órgãos (mg/g de tecido) em diferentes lotes de ratos

Cada valor representa a média ± DP, n=10.C: ratos controle alimentados com a dieta padrão; CAF: ratos obesos alimentados com a dieta de cafeteria; CL2,5%: ratos controle alimentados com a dieta padrão enriquecida com 2,5% de óleo de linhaça; CAFL2,5%: ratos obesos alimentados com a dieta de cafeteria enriquecida com 2,5% de óleo de linhaça; CL5%: ratos controle alimentados com a dieta padrão enriquecida com 5% de óleo de linhaça; CAFL5%: ratos obesos alimentados com a dieta de cafeteria enriquecida com 5% de óleo de linhaça. Após verificação da distribuição normal das variáveis (teste de Shapiro-Wilk), as médias dos seis grupos de ratos foram comparadas através de um teste ANOVA de um fator. Esta análise foi completada pelo teste de Tukey para classificar e comparar as médias em pares. As médias indicadas por letras diferentes (a, b, c) são significativamente diferentes ($p<0,05$).

III.4 Teor de triglicéridos dos órgãos em diferentes lotes de ratos (figura 15, quadro A9 nos apêndices)

Os ratos obesos que receberam uma dieta de cafetaria enriquecida ou não com óleo de linhaça (CAF, CAFL2,5%, CAFL5%) apresentaram um aumento significativo dos níveis de triglicéridos hepáticos e adipocitários em comparação com os respectivos controlos (C, CL2,5%, CL5%).

os níveis de triglicéridos no músculo hepático e nos adipócitos foram significativamente reduzidos nos ratos que receberam a dieta de cafetaria enriquecida com óleo de linhaça (CAFL2,5 e CAFL5%) em comparação com os ratos que receberam apenas a dieta de cafetaria (CAF), e esta redução foi semelhante independentemente da percentagem óleo de linhaça adicionada à dieta.

Verificou-se também uma redução significativa dos triglicéridos no fígado, no músculo e no tecido adiposo dos ratos que receberam a dieta padrão enriquecida com óleo de linhaça (CL2,5% e CL5%) em comparação com os ratos de controlo (C).

No entanto, não foi observada qualquer variação nos triglicéridos intestinais dos ratos idosos, independentemente da dieta.

III.5. Teores de proteínas totais (mg/g de tecido) dos órgãos em ratos de controlo e experimentais (Figuras 16, Tabela A10 em apêndices).

Os níveis de proteínas totais no fígado e no tecido adiposo de ratos idosos variaram significativamente entre os diferentes lotes.

Os níveis de proteínas hepáticas e dos adipócitos aumentaram significativamente nos ratos obesos submetidos a uma dieta de cafetaria enriquecida ou não com óleo de linhaça (CAF, CAL2,5% e CAFL5%) em comparação com os respectivos controlos (C, CL2,5% e CL5%).

A adição óleo de linhaça à dieta padrão e à dieta de cafetaria reduziu significativamente os níveis de proteína do fígado e dos adipócitos, sendo a redução dos níveis de proteína do fígado maior com a percentagem de óleo de linhaça a 5%.

No entanto, o teor total de proteínas musculares e intestinais não variou nos ratos idosos, independentemente da dieta.

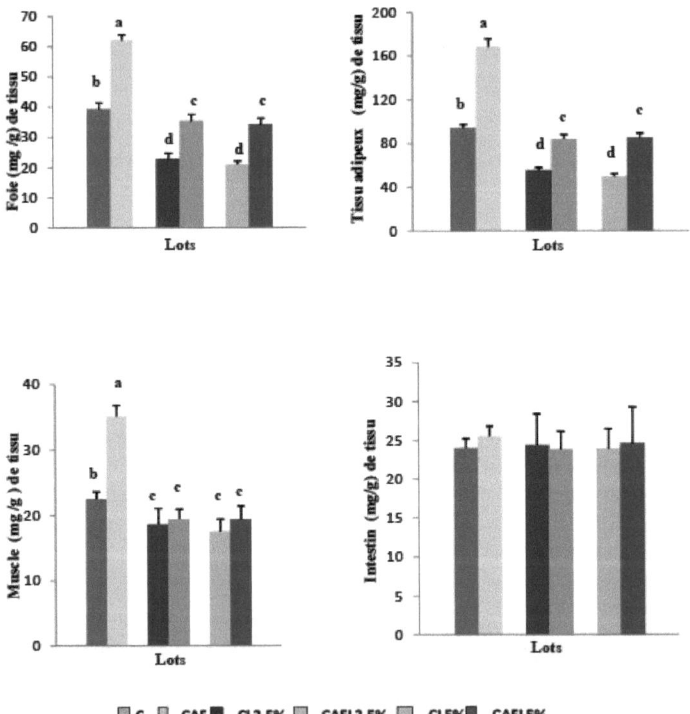

Figura 15: Níveis de triglicéridos totais dos órgãos (mg/g de tecido) em diferentes lotes de ratos

Cada valor representa a média ± SE, n=10.C: ratos controle alimentados com a dieta padrão; CAF: ratos obesos alimentados com a dieta de cafeteria; CL2,5%: ratos controle alimentados com a dieta padrão enriquecida com 2,5% de óleo de linhaça; CAFL2,5%: ratos obesos alimentados com a dieta de cafeteria enriquecida com 2,5% de óleo de linhaça; CL5%: ratos controle alimentados com a dieta padrão enriquecida com 5% de óleo de linhaça; CAFL5%: ratos obesos alimentados com a dieta de cafeteria enriquecida com 5% de óleo de linhaça. Após verificação da distribuição normal das variáveis (teste de Shapiro-Wilk), as médias dos seis grupos de ratos foram comparadas através de um teste ANOVA de um fator. Esta análise foi completada pelo teste de Tukey para classificar e comparar as médias em pares. As médias indicadas por letras diferentes (a, b, c) são significativamente diferentes ($p<0,05$).

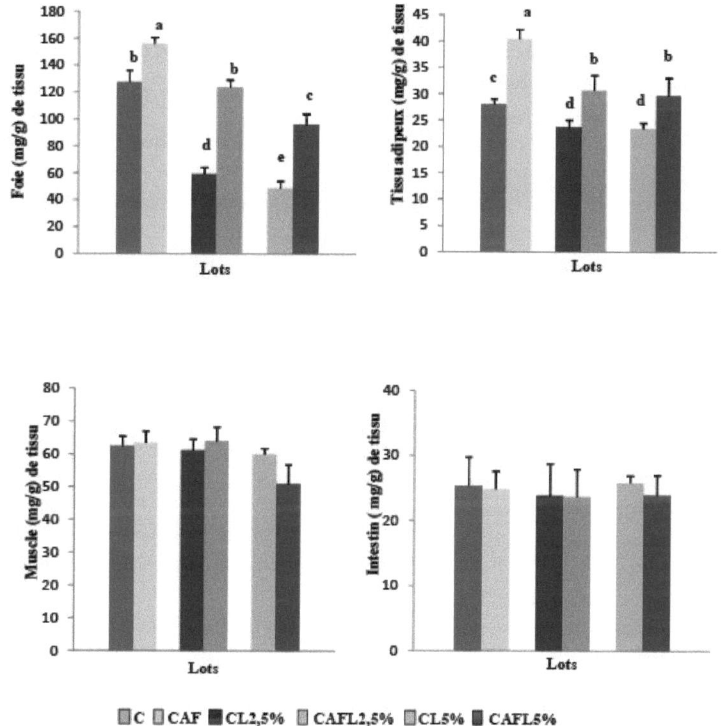

Figura 16: Teor total de proteínas dos órgãos (mg/g de tecido) em diferentes lotes de ratos

Cada valor representa a média ± DP, n=10.C: ratos controle alimentados com a dieta padrão; CAF: ratos obesos alimentados com a dieta de cafeteria; CL2,5%: ratos controle alimentados com a dieta padrão enriquecida com 2,5% de óleo de linhaça; CAFL2,5%: ratos obesos alimentados com a dieta de cafeteria enriquecida com 2,5% de óleo de linhaça; CL5%: ratos controle alimentados com a dieta padrão enriquecida com 5% de óleo de linhaça; CAFL5%: ratos obesos alimentados com a dieta de cafeteria enriquecida com 5% de óleo de linhaça. Após verificação da distribuição normal das variáveis (teste de Shapiro-Wilk), as médias dos seis grupos de ratos foram comparadas através de um teste ANOVA de um fator. Esta análise foi completada pelo teste de Tukey para classificar e comparar as médias em pares. As médias indicadas por letras diferentes (a, b, c) são significativamente diferentes ($p<0,05$).

III.6. Composição em ácidos gordos dos tecidos

III.6.1. Composição em ácidos gordos dos lípidos do fígado em diferentes lotes de ratos (Quadro 4)

A nível hepático, a composição em AGS dos lípidos mostrou um aumento nos ratos (CAF) em comparação com os ratos (C), nos ratos (CAFL2,5%) em comparação com os ratos (CL2,5%) e nos ratos (CAFL5%) em comparação com os ratos (CL5%). A suplementação da dieta com óleo de linhaça *levou a* uma redução significativa do teor de SFA nos lípidos do fígado, tanto nos ratos com dieta padrão como nos ratos obesos com dieta de cafetaria. O efeito foi maior com o óleo de linhaça a 5%.

Os níveis de MUFA hepático e C18:2 n-6 em ratos obesos (CAF) estão aumentados em comparação com os controlos (C), e em (CAFL2,5%) em comparação com (CL2,5%) e em (CAFL5%) em comparação com (CL5%).

A dieta de linho reduziu significativamente os níveis de C18:2n-6 nos ratos obesos (CAFL2,5% e CAFL5%) em comparação com os ratos (CAF) e também nos ratos de controlo (CL2,5% e CL5%) em comparação com os ratos (C).

O teor hepático de C18:3-n foi significativamente reduzido nos ratos que receberam uma dieta não enriquecida com óleo de linhaça em comparação com os outros lotes. O enriquecimento da dieta com óleo de linhaça aumentou significativamente o teor hepático de C18:3n-3 nos ratos obesos (CAFL2,5% e CAFL5%) em comparação com os ratos obesos (CAF) e nos ratos (CL2,5% e CL5%) em comparação com os ratos de controlo (C). Foi observada uma diminuição do teor hepático de C20:4n-6 nos ratos (CAF) em comparação com os ratos (C) e nos ratos (CAFL2,5%) em comparação com os ratos (CL2,5%) e nos ratos (CAFL2,5%) em comparação com os ratos (CL2,5%). A suplementação dieta com óleo de linhaça *resultou* num aumento significativo do teor de C20:4n-6 tanto nos ratos com dieta padrão como nos ratos obesos com dieta de cafetaria.

Os níveis de C20:5n-3 e C22:6n-3 diminuíram nos ratos obesos (CAF) em comparação com os ratos de controlo (C). A suplementação dieta com óleo de linhaça *resultou* num aumento significativo dos níveis de C20:5n-3 e C22:6n-3 tanto nos ratos com a dieta padrão como nos ratos obesos com a dieta de cafetaria.

III.6.2. Composição em ácidos gordos dos lípidos do tecido adiposo em diferentes lotes de ratos (Quadro 5)

As SFAs estavam significativamente aumentadas nos ratos obesos (CAF, CAFL2,5% e CAFL5%) em comparação com os respectivos controlos (C,CL2,5% ,CL5%).

Os níveis de MUFA e C18:2 n-6 no tecido adiposo de ratos obesos (CAF) estavam aumentados em comparação com os controlos (C).

A suplementação da dieta com óleo de linhaça reduziu significativamente os níveis de MUFA e C18:2 n-6 tanto nos ratos com dieta padrão como nos ratos obesos com dieta de cafetaria.

O teor de C18 :3-n do tecido adiposo foi significativamente reduzido nos ratos que receberam uma dieta não enriquecida com óleo de linhaça em comparação com os outros lotes. O enriquecimento da dieta com óleo de linhaça aumentou significativamente o teor de C18 :3n-3 nos ratos obesos (CAFL2,5% e CAFL5%) em comparação com os ratos obesos (CAF) e nos ratos (CL2,5% e CL5%) em comparação com os ratos de controlo (C).

Foi registada uma diminuição do teor de C20:4n-6 em (CAF) em comparação (C).

A suplementação da dieta com óleo de linhaça *resultou num* aumento significativo do teor de

C20:4n-6 tanto nos ratos com a dieta padrão como nos ratos obesos com a dieta de cafetaria. Os níveis de C20:5n-3 e C22:6n-3 diminuíram nos ratos obesos (CAF) em comparação com os ratos de controlo (C). A suplementação da dieta com óleo de linhaça *resultou* num aumento significativo dos níveis de C20:5n-3 e C22:6n-3 tanto nos ratos com a dieta padrão como nos ratos obesos com a dieta de cafetaria.

Quadro 3: Composição em ácidos gordos dos lípidos do fígado em diferentes lotes de ratos

\Lotes AG%	Ratos padrão **(C)**	Refeitório dos ratos **(CAF)**	Ratos de linho padrão 2,5% **(CL2,5%)**	Ratos cafeteria lin 2,5% **(CAFL2,5)**	Ratos de linho padrão 5% **(CL5%)**	Roupa de cafetaria para ratos 5% **(CAFL5%)**	P ANOVA
AGS	42.22±1.34^{b}	47.97±1.48^{a}	25.47±1.41^{e}	37.67±1.22^{c}	22.94±1.33^{f}	31.06±1.58^{d}	0,0001
AGMI	17.28±1.01^{b}	18.02±1.02^{a}	13.23±1.05^{d}	15.52±1.48^{c}	15.26±1.12^{c}	19.31±1.66^{a}	0,001
C18: 2n-6	19.22±1.21^{b}	22.39±1.11^{a}	11.62±1.20^{d}	10.67±1.35^{e}	13.76±1.04^{c}	11.12±1.08^{d}	0,0001
C18: 3n-3	0.50±0.06^{d}	0.66±0.07^{d}	26,92±1.20^{b}	23.67±0.14^{c}	30.96±1.04^{a}	29.73±0.93^{a}	0,0001
C20:4n-6	17.8±1.23^{b}	8,34 ±1.04^{d}	15,58±2.55^{a}	6,6±1.11^{e}	8,69±1.33^{c}	3,22±1.25^{f}	0,0001
C20: 5n-3	3.46 ±0.54^{c}	1.63 ±0.39^{d}	4,25±0.58^{b}	4.21 ±0.42^{b}	5,16 ±0.56^{a}	3,76 ±0.77^{c}	0,001
C22: 6n-3	1,51±0.24^{d}	0,91±0.51^{e}	2,93±0.12^{b}	1,66±0.23 ^{d}	3,23±0.14 ^{a}	1,8±0.33 ^{c}	0,001

Cada valor representa a média ± EP, n=10.C: ratos controle alimentados com a dieta padrão; CAF: ratos obesos alimentados com a dieta de cafeteria; CL2,5%: ratos controle alimentados com a dieta padrão enriquecida com 2,5% de óleo de linhaça; CAFL2,5%: ratos obesos alimentados com a dieta de cafeteria enriquecida com 2,5% de óleo de linhaça; CL5%: ratos controle alimentados com a dieta padrão enriquecida com 5% de óleo de linhaça; CAFL5%: ratos obesos alimentados com a dieta de cafeteria enriquecida com 5% de óleo de linhaça. Após verificação da distribuição normal das variáveis (teste de Shapiro-Wilk), as médias dos seis grupos de ratos foram comparadas através de um teste ANOVA de um fator. Esta análise foi completada pelo teste de Tukey para classificar e comparar as médias em pares. As médias indicadas por letras diferentes (a, b, c) são significativamente diferentes (p<0,05).

Quadro 4: Composição em ácidos gordos dos lípidos do tecido adiposo em diferentes lotes de ratos

Ψ-Ots AG%	Ratos padrão **(C)**	Refeitório dos ratos **(CAF)**	Ratos de linho padrão 2,5% **(CL2,5%)**	Ratos cafeteria lin 2,5% **(CAFL2,5)**	Ratos de linho padrão 5% **(CL5%)**	Roupa de cafetaria para ratos 5% **(CAFL5%)**	P ANOVA
AGS	31.74±1.22^{b}	35.62±1.11^{a}	23.54±1.15^{d}	27.13±1.04^{c}	18.17±1.23^{e}	22.70±1.25^{d}	0,0001
AGMI	28.93±1.06^{b}	32.33±1.24^{a}	22.19±1.44^{d}	24.97±1.57^{c}	23.60±1.67^{d}	24.41±1.63^{c}	0,0001
C18: 2n-6	26.90±1.41^{a}	27.80±1.35^{a}	16.43±1.67^{c}	17.22±1.22^{c}	15.26±1.81^{c}	22.07±1.21^{b}	0,001
C18: 3n-3	0.89±0.10^{e}	0.58±0.07^{e}	29.30±1.67^{b}	20.52±0.08^{d}	32.08±1.84^{a}	24.09±0.54^{c}	0,0001
C20:4n-6	9,1±1.72^{a}	2,3±0.55 ^{d}	2.83±1.31^{c}	5,45±1.77 ^{b}	4,18±1.83 ^{b}	2.01±1.62 ^{c}	0,001
C20: 5n-3	0.60±0.05 ^{c}	0.53±0.04 ^{c}	3.21±0.07 ^{a}	2,78±0.06 ^{b}	3,88±0.42 ^{a}	2.50±0.31 ^{b}	0,001
C22: 6n-3	1,80±0.15 ^{c}	0,83±0.03 ^{d}	2,50±0.11 ^{a}	1,93±0.11 ^{b}	2,83±0.25 ^{a}	2,02±0.32 ^{b}	0,001

Cada valor representa a média ± SE, n=10.C: ratos controle alimentados com a dieta padrão; CAF: ratos obesos alimentados com a dieta de cafeteria; CL2,5%: ratos controle alimentados com a dieta padrão enriquecida com 2,5% de óleo de linhaça; CAFL2,5%: ratos obesos alimentados com a dieta de cafeteria enriquecida com 2,5% de óleo de linhaça; CL5%: ratos controle alimentados com a dieta padrão enriquecida com 5% de óleo de linhaça; CAFL5%: ratos obesos alimentados com a dieta de cafeteria enriquecida com 5% de óleo de linhaça. Após verificação da distribuição normal das variáveis (teste de Shapiro-Wilk), as médias dos seis grupos de ratos foram comparadas através de um teste ANOVA de um fator. Esta análise foi completada pelo teste de Tukey para classificar e comparar as médias em pares. As médias indicadas por letras diferentes (a, b, c) são significativamente diferentes ($p<0,05$).

IV. Actividades das lipases tecidulares e da LCAT plasmática

IV.1 Actividades das enzimas lipase lipoproteica nos órgãos de diferentes lotes de ratos (Figura 17 e Quadro A11)

A atividade da LPL nos adipócitos e no fígado estava significativamente aumentada nos ratos obesos submetidos à dieta de cafetaria (CAF, CAFL2,5%, CAFL5%) em comparação com os respectivos controlos (C, CL5%, CL2,5%).

A atividade da LPL muscular diminuiu significativamente nos ratos obesos submetidos à dieta de cafetaria (CAF, CAFL2,5%, CAFL5%) em comparação com os respectivos controlos (C, CL2,5%, CL5%). A adição óleo de linhaça à dieta de cafetaria significativamente a atividade da LPL muscular nos ratos (CAFL2,5% e CAFL2,5%) em comparação com os ratos (CAF), sendo o efeito mais pronunciado com a percentagem de 5%.

IV.2 Atividade da Lecitina Colesterol Acil Transferase (LCAT) em ratos de controlo e experimentais (Figura 18, quadro A12 nos apêndices)

A atividade da lecitina colesterol acil transferase (LCAT) aumentou nos ratos que receberam a dieta de cafetaria enriquecida ou não com óleo de linhaça (CAF, CAFL2,5%, CAFL5%) em comparação com os respectivos controlos. A atividade da LCAT diminuiu significativamente nos ratos que receberam a dieta de cafetaria enriquecida com óleo de linhaça (CAFL2,5%, CAFL5%) em comparação com os ratos que receberam apenas a dieta de cafetaria (CAF) e nos ratos que receberam a dieta padrão enriquecida com óleo de linhaça (CL2,5% e CL5%) em comparação com os ratos que receberam apenas a dieta padrão (C).

IV.3. Atividade *da lipase* sensível às hormonas *(HSL)* nos ratos de controlo e experimentais (figura 19, quadro A13 nos apêndices)

A atividade da *lipase* sensível às hormonas *(HSL) foi significativamente aumentada nos ratos que receberam apenas a dieta de cafetaria (CAF) em comparação com os ratos de controlo que receberam a dieta padrão (C) e (CAFL2,5%) em comparação com os ratos (CAFL5%). Não foi observada qualquer variação nos ratos (CAFL5%) em comparação com os ratos (CL5%). O óleo de linhaça reduziu significativamente* a atividade da *lipase* sensível às hormonas *(HSL) nos ratos idosos que receberam uma dieta de cafetaria enriquecida com óleo de linhaça (CAFL2,5% e CAFL5%) em comparação com os ratos que receberam apenas uma dieta de cafetaria (CAF), com uma maior redução com a percentagem de 5% (7,63%). Verificou-se também uma diminuição significativa* atividade *da lipase* sensível às hormonas *(HSL) nos ratos que receberam a dieta padrão enriquecida com óleo de linhaça (CL2,5%, CL5%) em comparação com os ratos que receberam a dieta não enriquecida com óleo de linhaça (C).*

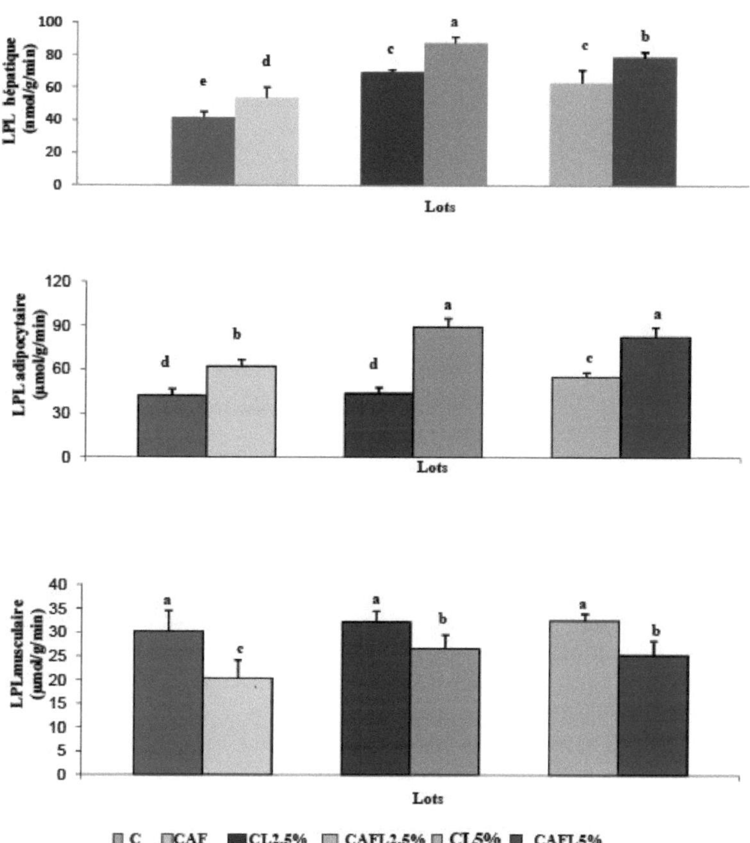

Figura 17: Atividade da lipoproteína lipase em diferentes lotes de ratos

Cada valor representa a média ± DP, n=10.C: ratos controle alimentados com a dieta padrão; CAF: ratos obesos alimentados com a dieta de cafeteria; CL2,5%: ratos controle alimentados com a dieta padrão enriquecida com 2,5% de óleo de linhaça; CAFL2,5%: ratos obesos alimentados com a dieta de cafeteria enriquecida com 2,5% de óleo de linhaça; CL5%: ratos controle alimentados com a dieta padrão enriquecida com 5% de óleo de linhaça; CAFL5%: ratos obesos alimentados com a dieta de cafeteria enriquecida com 5% de óleo de linhaça. Após verificação da distribuição normal das variáveis (teste de Shapiro-Wilk), as médias dos seis grupos de ratos foram comparadas através de um teste ANOVA de um fator. Esta análise foi completada pelo teste de Tukey para classificar e comparar as médias em pares. As médias indicadas por letras diferentes (a, b, c) são significativamente diferentes ($p<0,05$).

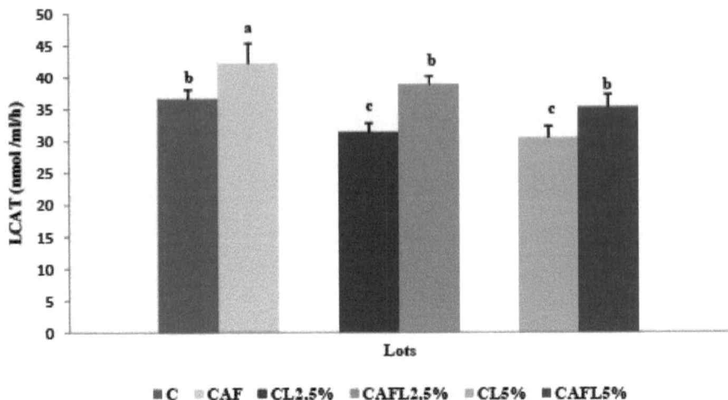

Figura 18: Atividade da lecitina colesterol acil transferase (LCAT) em diferentes lotes de ratos

Cada valor representa a média ± DP, n=10.C: ratos controle alimentados com a dieta padrão; CAF: ratos obesos alimentados com a dieta de cafeteria; CL2,5%: ratos controle alimentados com a dieta padrão enriquecida com 2,5% de óleo de linhaça; CAFL2,5%: ratos obesos alimentados com a dieta de cafeteria enriquecida com 2,5% de óleo de linhaça; CL5%: ratos controle alimentados com a dieta padrão enriquecida com 5% de óleo de linhaça; CAFL5%: ratos obesos alimentados com a dieta de cafeteria enriquecida com 5% de óleo de linhaça. Após verificação da distribuição normal das variáveis (teste de Shapiro-Wilk), as médias dos seis grupos de ratos foram comparadas através de um teste ANOVA de um fator. Esta análise foi completada teste de Tukey para classificar e comparar as médias em pares. As médias indicadas por letras diferentes (a, b, c) são significativamente diferentes (p<0,05).

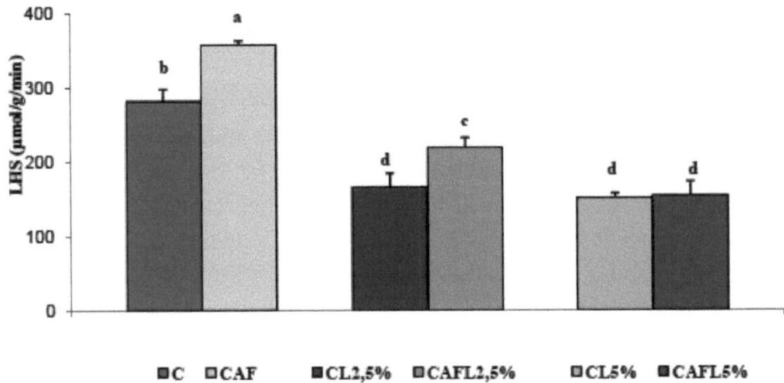

Figura 19: Atividade da lipase sensível às hormonas (HSL) em diferentes lotes de ratos

Cada valor representa a média ± EP, n=10.C: ratos controle alimentados com a dieta padrão; CAF: ratos obesos alimentados com a dieta de cafeteria; CL2,5%: ratos controle alimentados com a dieta padrão enriquecida com 2,5% de óleo de linhaça; CAFL2,5%: ratos obesos alimentados com a dieta de cafeteria enriquecida com 2,5% de óleo de linhaça; CL5%: ratos controle alimentados com a dieta padrão enriquecida com 5% de óleo de linhaça; CAFL5%: ratos obesos alimentados com a dieta de cafeteria enriquecida com 5% de óleo de linhaça.

Após verificação da distribuição normal das variáveis (teste de Shapiro-Wilk), a comparação das médias entre os seis grupos de ratos foi efectuada através de um teste ANOVA de um fator. Esta análise foi completada pelo teste de Tukey para classificar e comparar as médias em pares. As médias indicadas por letras diferentes (a, b, c) são significativamente diferentes ($p<0,05$).

V . Estado dos oxidantes/antioxidantes

V .1. Níveis séricos de vitamina C e de glutatião eritrocitário e atividade da enzima catalase eritrocitária em diferentes lotes de ratos (Figura 20 , Quadro A14 nos apêndices)

Os níveis séricos de vitamina C em ratos obesos com uma dieta de cafetaria enriquecida ou não com óleo de linhaça (CAF, CAFL2,5%, CAFL5%) foram significativamente reduzidos em comparação com os respectivos controlos (C, CL2,5%, CL5%).

Registou-se um aumento significativo dos níveis de vitamina C nos ratos (CAFL2,5% e CAFL5%) em comparação com os ratos (CAF) e nos ratos (CL2,5% e CL5%) em comparação com os ratos (C).

os níveis de glutatião reduzido foram significativamente reduzidos nos ratos obesos submetidos a uma dieta de cafetaria enriquecida ou não com óleo de linhaça (CAF, CAFL2,5%, CAFL5%) em comparação com os respectivos controlos (C, CL2,5%, CL5%).

Os níveis de glutatião eritrocitário aumentaram significativamente nos ratos (CAFL2,5% e CAFL5%) em comparação com os ratos (CAF), e também se registou um aumento significativo nos ratos (CL2,5% e CL5%) em comparação com os ratos (C). As duas percentagens de óleo de linhaça (2,5% e 5%) aumentaram de forma semelhante os níveis de GSH nos eritrócitos dos ratos submetidos à dieta de cafetaria, ao passo que a percentagem de óleo de linhaça a 5% aumentou-os de forma mais significativa nos ratos submetidos à dieta padrão (CL5%) em comparação com os ratos (CL2,5%).

Os ratos idosos que receberam a dieta de cafetaria enriquecida ou não com óleo de linhaça apresentaram uma diminuição significativa da atividade da catalase eritrocitária em comparação com os valores obtidos nos respectivos ratos de controlo. A atividade da catalase aumentou significativamente nos ratos alimentados com a dieta padrão ou com a dieta de cafetaria enriquecida com óleo de linhaça. Este aumento foi muito maior com a percentagem de óleo de linhaça a 5%.

V .2 Marcadores do estado oxidativo do plasma em diferentes lotes de ratos (Figura 21 e Figura 22, Quadro A15 nos apêndices)

Os níveis plasmáticos de MDA foram significativamente mais elevados nos indivíduos obesos (CAF, CAFL2,5%, CAFL5%) em comparação com os respectivos controlos (C, CL2,5%, CL5%).

O enriquecimento da dieta (normal ou de cafetaria) com óleo de linhaça *resultou* numa redução significativa do MDA, com uma redução (7%) nos ratos que receberam 5% de óleo de linhaça.

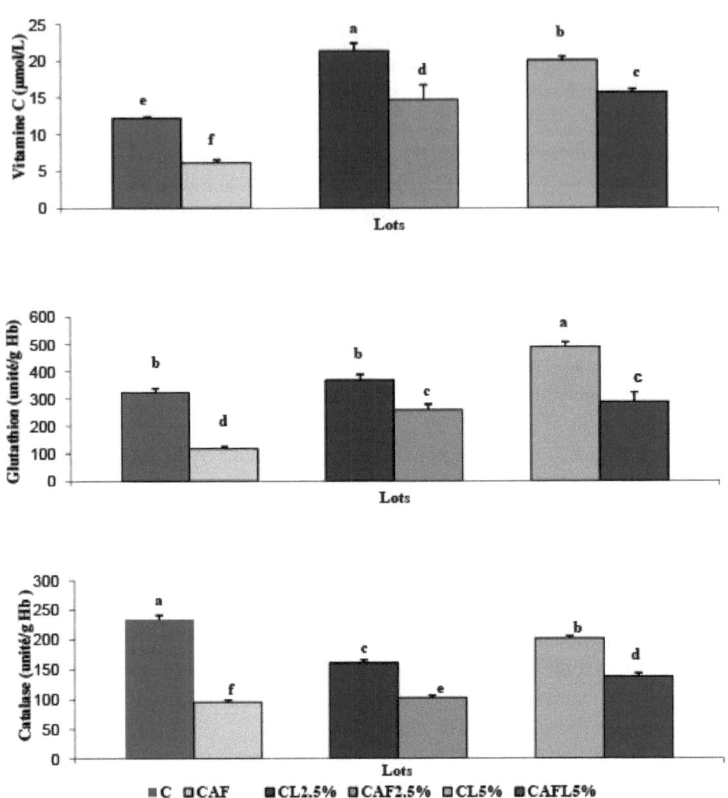

Figura 20: Níveis séricos de vitamina C e glutatião eritrocitário e atividade da enzima catalase eritrocitária em diferentes lotes de ratos.

Cada valor representa a média ± DP, n=10.C: ratos controle alimentados com a dieta padrão; CAF: ratos obesos alimentados com a dieta de cafeteria; CL2,5%: ratos controle alimentados com a dieta padrão enriquecida com 2,5% de óleo de linhaça; CAFL2,5%: ratos obesos alimentados com a dieta de cafeteria enriquecida com 2,5% de óleo de linhaça; CL5%: ratos controle alimentados com a dieta padrão enriquecida com 5% de óleo de linhaça; CAFL5%: ratos obesos alimentados com a dieta de cafeteria enriquecida com 5% de óleo de linhaça. Após verificação da distribuição normal das variáveis (teste de Shapiro-Wilk), as médias dos seis grupos de ratos foram comparadas através de um teste ANOVA de um fator. Esta análise foi completada teste de Tukey para classificar e comparar as médias em pares. As médias indicadas por letras diferentes (a, b, c) são significativamente diferentes ($p<0,05$).

Os ratos obesos que receberam a dieta de cafetaria (CAF e CAFL2,5%) apresentaram níveis plasmáticos de proteínas carboniladas significativamente mais elevados do que os respectivos controlos (C,CL2,5%). O enriquecimento da dieta com óleo de linhaça resultou numa redução significativa dos níveis de proteínas carboniladas nos ratos (CAFL2,5% e CAFL5%) em comparação com os ratos que receberam apenas a dieta de cafetaria (CAF) e nos ratos (CL2,5%) em comparação com os ratos que receberam apenas a dieta padrão (C).

Os ratos idosos que receberam a dieta de cafetaria (CAF e CAFL5%) apresentaram um aumento significativo dos níveis de hidroperóxidos no plasma em comparação com os respectivos controlos (C, CL5%). se registouvariação nos ratos (CAFL2,5%) em relação aos ratos (CL2,5%).

O óleo de linhaça reduziu significativamente os níveis de hidroperóxidos nos ratos (CAFL2,5% e CAFL5%) em comparação com os ratos (CAF) e nos ratos (CL2,5% e CL5%) em comparação com os ratos (C). O efeito foi mais pronunciado com a percentagem de óleo de linhaça a 5%, a 5,4%.

Os níveis de dienos conjugados (CDI) são significativamente mais elevados em (CAF, CAFL2,5% e CAFL5%) em comparação com (C,CL2,5%,CL5%), respetivamente, mas significativamente mais baixos em obesos (CAFL2,5% e CAFL5%) em comparação com (CAF) e controlo (CL2,5% e CL5%) em comparação com (C).

A taxa oxidação das lipoproteínas foi significativamente aumentada nos ratos obesos (CAF, CAFL2,5% ,CAFL5%) em comparação com os respectivos controlos (C,CL2,5%,CL5%). O óleo de linhaça reduz significativamente a taxa oxidação das lipoproteínas nos ratos obesos.

O óleo de linhaça não teve qualquer efeito taxa de oxidação nos controlos (CL2,5%) em comparação com os controlos (C), embora tenha reduzido a taxa de oxidação nos controlos (CL5%) em comparação com os controlos (C).

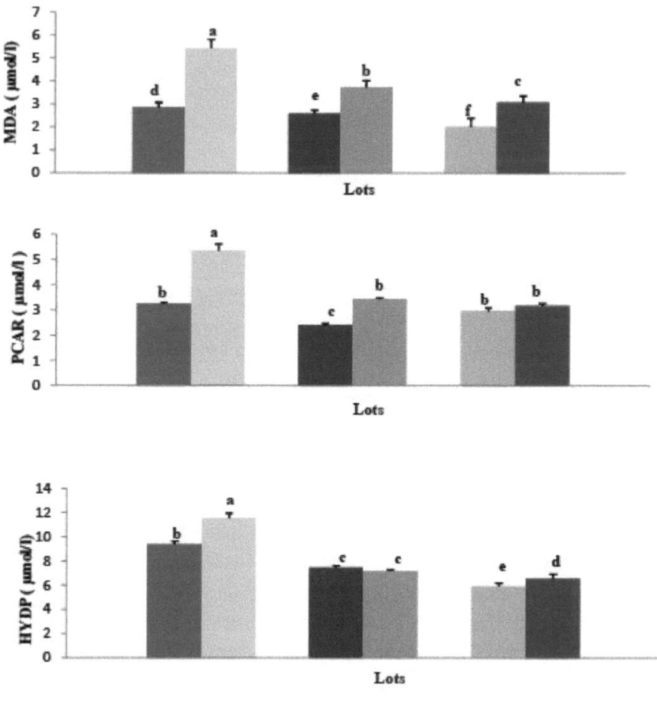

Figura 21: Marcadores do estado oxidativo do plasma em diferentes lotes de ratos
Cada valor representa a média ± SE, n=10.C: ratos controle alimentados com a dieta padrão;

CAF: ratos obesos alimentados com a dieta de cafeteria; CL2,5%: ratos controle alimentados com a dieta padrão enriquecida com 2,5% de óleo de linhaça; CAFL2,5%: ratos obesos alimentados com a dieta de cafeteria enriquecida com 2,5% de óleo de linhaça; CL5%: ratos controle alimentados com a dieta padrão enriquecida com 5% de óleo de linhaça; CAFL5%: ratos obesos alimentados com a dieta de cafeteria enriquecida com 5% de óleo de linhaça. Após verificação da distribuição normal das variáveis (teste de Shapiro-Wilk), as médias dos seis grupos de ratos foram comparadas através de um teste ANOVA de um fator. Esta análise foi completada pelo teste de Tukey para classificar e comparar as médias em pares. As médias indicadas por letras diferentes (a, b, c) são significativamente diferentes ($p<0,05$).

MDA: malondialdeído; **PCAR**: proteínas carboniladas, **HYDP**: hidroperóxidos

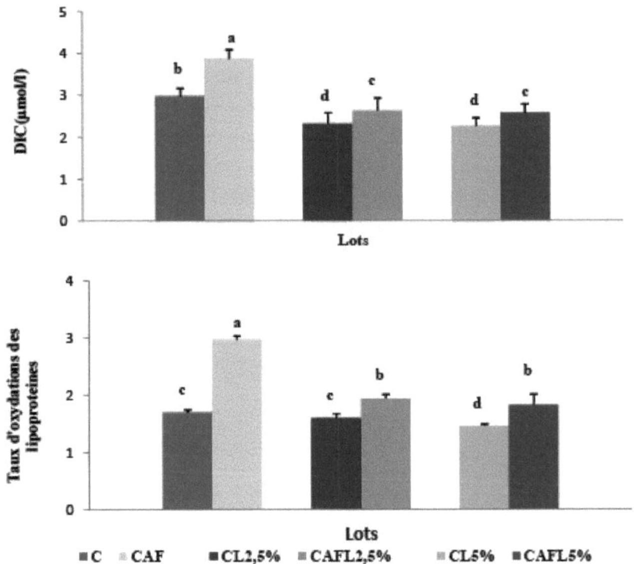

Figura 22: Marcadores do estado oxidativo do plasma em diferentes lotes de ratos

Cada valor representa a média ± DP, n=10.C: ratos controle alimentados com a dieta padrão; CAF: ratos obesos alimentados com a dieta de cafeteria; CL2,5%: ratos controle alimentados com a dieta padrão enriquecida com 2,5% de óleo de linhaça; CAFL2,5%: ratos obesos alimentados com a dieta de cafeteria enriquecida com 2,5% de óleo de linhaça; CL5%: ratos controle alimentados com a dieta padrão enriquecida com 5% de óleo de linhaça; CAFL5%: ratos obesos alimentados com a dieta de cafeteria enriquecida com 5% de óleo de linhaça. Após verificação da distribuição normal das variáveis (teste de Shapiro-Wilk), as médias dos seis grupos de ratos foram comparadas através de um teste ANOVA de um fator. Esta análise foi completada pelo teste de Tukey para classificar e comparar as médias em pares. As médias indicadas por letras diferentes (a, b, c) são significativamente diferentes ($p<0,05$).

DIC: dienos conjugados

V.3 Marcadores do estado oxidativo/antioxidante do fígado nos diferentes lotes de ratos (figura 23 e quadro A16 nos apêndices)

Os níveis de malondialdeído hepático em ratos obesos (CAF, CAFL2,5% e CAFL5%) estão significativamente aumentados em comparação com os respectivos controlos (C, CL2,5%,

CL5%).

Por outro lado, a suplementação com óleo de linhaça da dieta de cafetaria e da dieta padrão *resultou* numa redução dos níveis de malondialdeído hepático nos ratos (CAFL2,5% e CAFL5%) em comparação com os ratos (CAF) e nos ratos (CL2,5% e CL5%) em comparação com os ratos (C). A redução foi semelhante independentemente da percentagem de óleo de linhaça.

A análise das proteínas carbonílicas hepáticas mostrou um aumento significativo nos ratos que receberam a dieta de cafetaria enriquecida ou não com óleo de linhaça, em comparação com os respectivos controlos. A suplementação da dieta com óleo de linhaça *levou a* uma redução dos níveis de

nas proteínas carbonílicas hepáticas tanto em ratos de controlo que consomem a dieta padrão como em ratos obesos que seguem a dieta de cafetaria. O efeito foi maior a 5% de óleo de linhaça do que a 2,5%, a 5,3%.

Os níveis de glutatião hepático eritrocitário estavam significativamente aumentados nos ratos obesos (CAF, CAFL2,5%, CAFL5%) em comparação com os respectivos controlos (C, CL2,5%, CL5%). A suplementação da dieta com óleo de linhaça *resultou* numa diminuição significativa dos níveis de glutatião hepático nos ratos que consumiram a dieta de cafetaria, e esta diminuição foi semelhante independentemente da percentagem de óleo de linhaça.

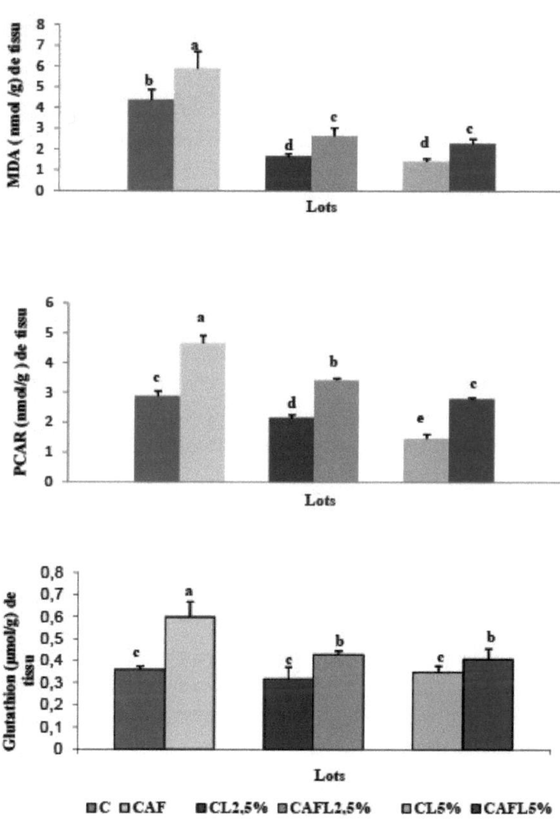

Figura 23 Marcadores do estado oxidativo/antioxidante do fígado em diferentes lotes de ratos Cada valor representa a média ± ES, n=10.C: ratos de controlo alimentados com a dieta padrão; CAF: ratos obesos alimentados com a dieta de cafetaria; CL2,5%: ratos de controlo alimentados com a dieta padrão enriquecida com 2,5% de óleo de linhaça; CAFL2,5%: ratos obesos alimentados com a dieta de cafetaria enriquecida com 2,5% de óleo de linhaça; CL5%: ratos de controlo alimentados com a dieta padrão enriquecida com 5% de óleo de linhaça; CAFL5%: ratos obesos alimentados com a dieta de cafetaria enriquecida com 5% de óleo de linhaça. Após verificação da distribuição normal das variáveis (teste de Shapiro-Wilk), as médias dos seis grupos de ratos foram comparadas através de um teste ANOVA de um fator. Esta análise foi completada pelo teste de Tukey para classificar e comparar as médias em pares. As médias indicadas por letras diferentes (a, b, c) são significativamente diferentes ($p<0,05$).

MDA: malondialdeído; **PCAR:** proteínas carboniladas

V .4. Marcadores do estado oxidante/antioxidante do tecido adiposo em diferentes lotes de ratos (Figura 24 e Quadro A17 nos apêndices)

Os níveis de MDA no tecido adiposo de ratos idosos que receberam a dieta de cafetaria suplementada ou não com óleo de linhaça foram significativamente elevados em comparação com os respectivos controlos. Os níveis de MDA no tecido adiposo diminuíram significativamente nos ratos que seguiram a dieta de cafetaria e a dieta padrão suplementada com óleo de linhaça, com uma diminuição semelhante independentemente da percentagem de óleo de linhaça.

Os níveis de proteínas carboniladas no tecido adiposo estavam significativamente aumentados nos ratos (CAF, CAFL2,5%) em comparação com os respectivos controlos (C, CL2,5%). Não foi observada qualquer variação entre os ratos (CAFL5%) e os ratos (CL5%). O óleo de linhaça reduziu significativamente os níveis de proteína carbonilada nos ratos que receberam a dieta de cafetaria e a dieta padrão.

Os valores obtidos para os níveis de glutatião no tecido adiposo mostraram um aumento significativo nos ratos que receberam a dieta de cafetaria com ou sem óleo de linhaça, em comparação com os respectivos controlos. A suplementação da dieta de cafetaria com óleo de linhaça reduziu significativamente os níveis de glutatião no tecido adiposo. Não se registou qualquer diferença significativa entre os ratos que receberam a dieta padrão enriquecida com óleo de linhaça e os ratos que receberam a dieta padrão não enriquecida com óleo de linhaça.

V .5. Marcadores do estado oxidante/antioxidante do músculo em diferentes lotes de ratos (Figura 25 e quadro A18 nos apêndices)

Os níveis de MDA muscular aumentaram significativamente nos ratos que receberam a dieta de cafetaria enriquecida ou não com óleo de linhaça, em comparação com os respectivos controlos. O óleo de linhaça reduziu significativamente os níveis de MDA muscular nos ratos que receberam a dieta de cafetaria e a dieta padrão, sendo o efeito do óleo de linhaça semelhante em qualquer percentagem.

Os níveis de PCAR muscular eram significativamente mais elevados nos lotes obesos, em comparação com os seus homólogos de controlo. O consumo da dieta enriquecida com óleo de linhaça *levou a* uma redução dos níveis de PCAR tanto nos ratos com a dieta padrão como nos ratos obesos com a dieta de cafetaria.

Os níveis de glutatião muscular não foram alterados nos ratos experimentais em comparação com os ratos de controlo.

V .6. Marcadores do estado oxidante/antioxidante do intestino em diferentes lotes de ratos (Figura 26 e Quadro A19)

Não se registaram diferenças nos níveis de MDA, GSH ou PCAR entre os diferentes grupos de ratos, independentemente da sua dieta.

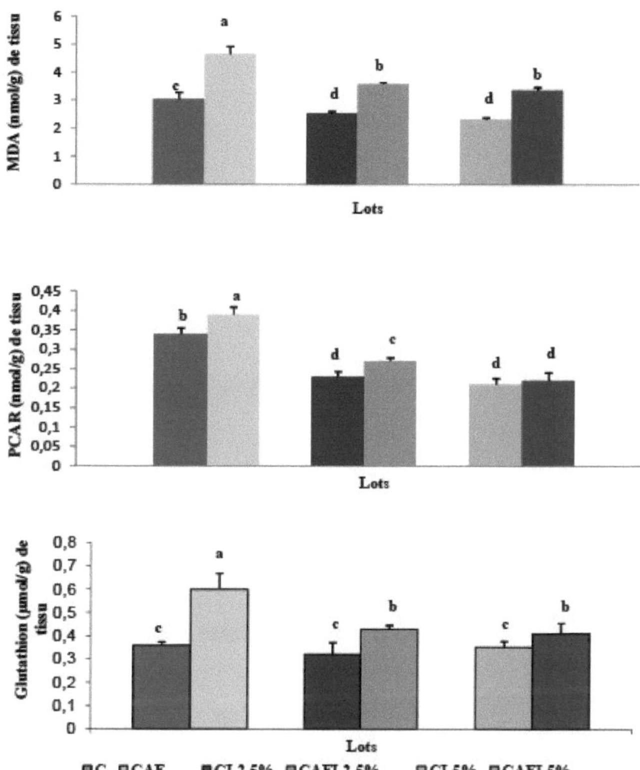

Figura 24: Marcadores do estado oxidante/antioxidante do tecido adiposo em diferentes lotes de ratos.

Cada valor representa a média ± DP, n=10.C: ratos controle alimentados com a dieta padrão; CAF: ratos obesos alimentados com a dieta de cafeteria; CL2,5%: ratos controle alimentados com a dieta padrão enriquecida com 2,5% de óleo de linhaça; CAFL2,5%: ratos obesos alimentados com a dieta de cafeteria enriquecida com 2,5% de óleo de linhaça; CL5%: ratos controle alimentados com a dieta padrão enriquecida com 5% de óleo de linhaça; CAFL5%: ratos obesos alimentados com a dieta de cafeteria enriquecida com 5% de óleo de linhaça. Após verificação da distribuição normal das variáveis (teste de Shapiro-Wilk), as médias dos seis grupos de ratos foram comparadas através de um teste ANOVA de um fator. Esta análise foi completada pelo teste de Tukey para classificar e comparar as médias em pares. As médias indicadas por letras diferentes (a, b, c) são significativamente diferentes ($p<0,05$).

MDA: malondialdeído; **PCAR:** proteínas carboniladas

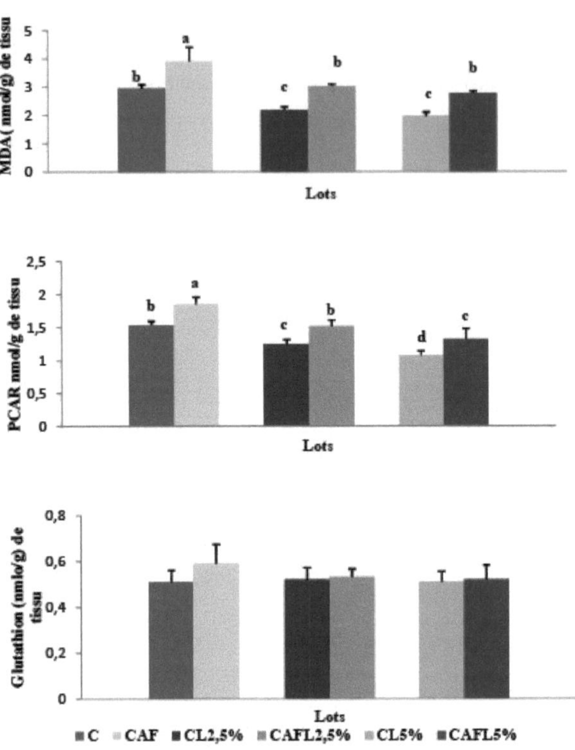

Figura 25: Marcadores do estado oxidante/antioxidante do músculo em diferentes lotes de ratos

Cada valor representa a média ± DP, n=10.C: ratos controle alimentados com a dieta padrão; CAF: ratos obesos alimentados com a dieta de cafeteria; CL2,5%: ratos controle alimentados com a dieta padrão enriquecida com 2,5% de óleo de linhaça; CAFL2,5%: ratos obesos alimentados com a dieta de cafeteria enriquecida com 2,5% de óleo de linhaça; CL5%: ratos controle alimentados com a dieta padrão enriquecida com 5% de óleo de linhaça; CAFL5%: ratos obesos alimentados com a dieta de cafeteria enriquecida com 5% de óleo de linhaça. Após verificação da distribuição normal das variáveis (teste de Shapiro-Wilk), as médias dos seis grupos de ratos foram comparadas através de um teste ANOVA de um fator. Esta análise foi completada pelo teste de Tukey para classificar e comparar as médias em pares. As médias indicadas por letras diferentes (a, b, c) são significativamente diferentes ($p<0,05$).

MDA: malondialdeído; **PCAR:** proteínas carboniladas

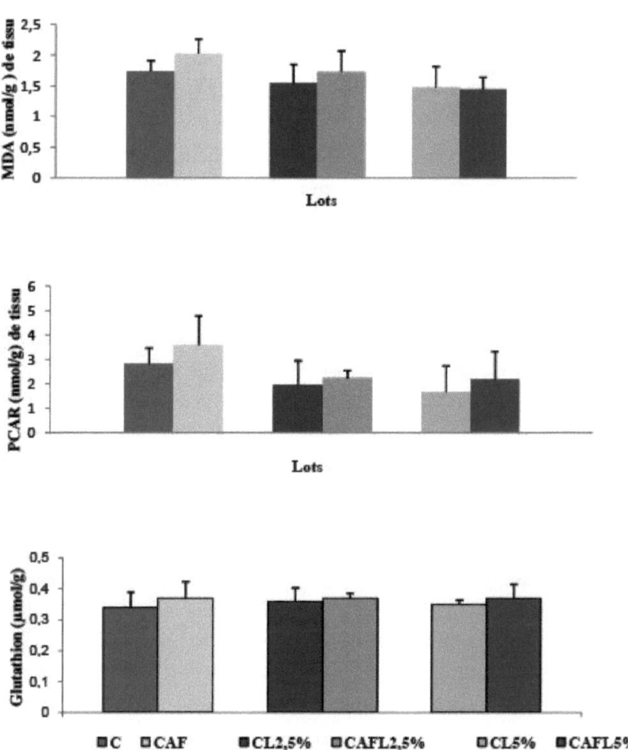

Figura 26: Marcadores do estado oxidante/antioxidante no intestino de diferentes lotes de ratos.

Cada valor representa a média ± DP, n=10.C: ratos controle alimentados com a dieta padrão; CAF: ratos obesos alimentados com a dieta de cafeteria; CL2,5%: ratos controle alimentados com a dieta padrão enriquecida com 2,5% de óleo de linhaça; CAFL2,5%: ratos obesos alimentados com a dieta de cafeteria enriquecida com 2,5% de óleo de linhaça; CL5%: ratos controle alimentados com a dieta padrão enriquecida com 5% de óleo de linhaça; CAFL5%: ratos obesos alimentados com a dieta de cafeteria enriquecida com 5% de óleo de linhaça. Após verificação da distribuição normal das variáveis (teste de Shapiro-Wilk), as médias dos seis grupos de ratos foram comparadas através de um teste ANOVA de um fator. Esta análise foi completada pelo teste de Tukey para classificar e comparar as médias em pares. As médias indicadas por letras diferentes (a, b, c) são significativamente diferentes ($p<0,05$).
MDA: malondialdeído; **PCAR:** proteínas carboniladas

CAPÍTULO 4

DISCUSSÃO

A obesidade, fator de morbilidade e de mortalidade, é a doença metabólica mais frequente no mundo, de tal modo que a sua prevenção se tornou uma das prioridades da OMS (LE GOFF et al., 2008; DIDIER et al., 2009). Pandemia dos tempos modernos, inscreve-se na problemática das doenças crónicas e sistémicas (SCHLIENGER et al., 2010) e predispõe os indivíduos a um risco acrescido de desenvolver numerosas doenças, entre as quais a diabetes de tipo II, a hipertensão arterial, a doença coronária, a dislipidemia e o cancro (VERGES, 2001; VINER et al., 2005; AUBIN, 2009). Foi igualmente observado que estas doenças metabólicas induzem perturbações do sistema antioxidante; as espécies reactivas de oxigénio (ERO) produzidas durante o metabolismo basal são neutralizadas por vários sistemas de defesa. No entanto, no decurso da obesidade, o aumento da sua produção e/ou a redução dos sistemas de defesa anti-radicais conduzem a um stress oxidativo que provoca danos nos tecidos devido ao ataque das ERO a moléculas-alvo como os lípidos, as proteínas e o ADN (HIGDON FREI, 2003; CODONER-FRANCH et al., 2004; MERZOUK et al., 2004). O envelhecimento está igualmente associado a perturbações lipídicas e a um aumento do stress oxidativo (KREGEL et al., 2007). Dado que os idosos já correm o risco de sofrer de stress oxidativo, as perturbações metabólicas adicionais causadas pela obesidade aumentam a sua suscetibilidade a este último. Para combater a obesidade e as consequências do envelhecimento, bem como para reduzir e retardar a sua progressão, é fundamental tentar compreender os mecanismos que estão na origem do seu desenvolvimento. A prevenção nutricional é, pois, uma das estratégias utilizadas para evitar o desenvolvimento da obesidade e do envelhecimento, através de dietas especiais. Vários estudos têm-se centrado nos ácidos gordos polinsaturados n-3 e nos seus benefícios para a saúde (DELORGERIL et al., 1994 ; NORDOY et al., 2001). Entre as plantas mais ricas em PUFAs n-3 está a linhaça Linum usitatissimum (Linaceae), (CARTER et al., 1993) que é consumida há séculos pelo seu bom sabor e pela sua gama de benefícios nutricionais revelados pela investigação científica (OOMAH et al., 2001). Para além disso, o óleo de linhaça contém 53,3% de ácido α-linolénico (C18:3 n-3) e 12,7% de ácido linoleico (C18:2n-6), o que lhe confere a relação n-3/n-6 mais elevada de todas as fontes vegetais (TZANG et al., 2009). Após alongamento e dessaturação, o ácido α-linolénico (ALA) produz ácido eicosapentaenóico (EPA) e ácido docosahexaenóico (DHA), que podem ter efeitos benéficos na saúde e no controlo de doenças crónicas (VIJAIMOHAN et al., 2006). Condições clínicas como as doenças cardiovasculares, a hipertensão arterial, o cancro, as doenças de pele e os distúrbios imunitários, como a insuficiência renal, a artrite reumatoide, a artrose e a osteoporose, estão entre as doenças crónicas mais comuns em que o DHA pode ter efeitos benéficos.

e a esclerose múltipla podem ser prevenidas pelo ALA contido no óleo de linhaça (KELLEY et al., 1991; POUDYAL et al., 2013).

O consumo de AGPI n-3 foi igualmente associado a efeitos positivos na obesidade e na modulação do stress oxidativo ligado ao envelhecimento. De facto, uma dieta rica em ácidos gordos polinsaturados poderia reduzir a produção de radicais livres e melhorar consideravelmente a saúde durante o envelhecimento, regulando os genes das enzimas antioxidantes e melhorando os sistemas de defesa antioxidante do organismo (HARRIS, 1989;

KESAVULU et al., 2002; MERZOUK e KHAN, 2003).

É difícil monitorizar as alterações metabólicas nos seres humanos devido à duração das várias fases da vida. Assim, utilizámos um modelo animal de obesidade nutricional, o rato Wistar idoso, no qual o consumo de uma dieta de cafetaria induz a obesidade (BOUANANE et al., 2009). O nosso estudo incidiu sobre dois aspectos principais:

1) Determinação dos efeitos do regime de cafetaria sobre :

> Alterações do metabolismo lipídico através do estudo dos parâmetros sanguíneos (colesterol total, triglicéridos e proteínas no plasma e nas fracções lipoproteicas), da composição proteica e lipídica dos órgãos (fígado, tecido adiposo, músculo, intestino) e da atividade das enzimas envolvidas no metabolismo lipídico: LPL, LHS e LCAT.

> Alterações do estado oxidante/antioxidante através da medição dos parâmetros do estado oxidante: malondialdeído, hidroperóxidos e proteínas carboniladas e dos parâmetros do estado antioxidante: Vitamina C, bem como a atividade da catalase e do glutatião.

2) Estudo do efeito da suplementação da dieta de cafetaria com óleo de linhaça rico em n-3 PUFA a 2,5% e 5% sobre os principais distúrbios metabólicos (dislipidemia e stress oxidativo) provocados pela obesidade em ratos idosos durante dois meses de experimentação.

Foram desenvolvidos modelos de obesidade em animais, utilizando vários tipos de dieta, como a dieta rica em glucose, a dieta rica em gordura e a dieta ocidental (combinação de glucose e gordura) (AUBIN, 2009). Estes modelos fornecem um método para determinar os vários mecanismos subjacentes que contribuem para o desenvolvimento de patologias associadas à obesidade. Entre as dietas ricas em energia, as dietas hiperlipídicas são mais susceptíveis de conduzir a um aumento de peso do que as dietas ricas em açúcar (BOOZER et al., 1998). A fim de gerar um aumento de peso significativo nos ratos e, assim, fornecer um bom modelo de estudo da obesidade, submetemos os animais a uma dieta denominada "cafetaria". Esta dieta é um dos modelos experimentais de obesidade nutricional atualmente disponíveis. É uma dieta hiperlipídica e hipercalórica e tem a vantagem de ser semelhante à maioria dos casos humanos em que a obesidade é desencadeada pelo consumo excessivo deliberado de alimentos ricos em lípidos e calorias (DARIMONT et al., 2004). Os autores estabeleceram que a principal causa da obesidade é um excesso de ingestão calórica associado a uma redução do gasto físico (DAUBRESSE et al., 2005 ; PASQUET et al., 2007). No entanto, o aumento da ingestão calórica não parece ser o único fator importante na génese da obesidade; a natureza dos macronutrientes desempenha um papel primordial na acumulação de massa gorda; para uma ingestão isocalórica, uma refeição rica em hidratos de carbono e muito pobre em lípidos é menos adipogénica do que uma refeição rica em lípidos e normal em hidratos de carbono (LISSNER e HEITMANN, 1995). De facto, as gorduras alimentares têm um valor energético mais elevado do que os outros macronutrientes, uma baixa saciedade, uma elevada densidade energética e uma elevada palatabilidade (DREWNOWSKI, 1994), o que pode explicar porque é que uma dieta rica em gorduras pode levar a um aumento da ingestão energética, resultando num aumento da gordura corporal a longo prazo (BLUNDELLE e KING, 1996). Isto pode explicar o aumento de peso dos nossos ratos experimentais que consumiram a dieta hiperlipídica e hipercalórica "cafetaria" em comparação com os seus controlos que consumiram a dieta padrão. Este facto está de acordo com os trabalhos de BENKALFAT et al (2011) em ratos jovens. MILAGRO et al (2006) que indicaram que uma dieta hiperlipídica em ratos Wistar induziu um aumento da ingestão de alimentos e do peso corporal com uma acumulação de lípidos no tecido adiposo. O tecido adiposo foi naturalmente o primeiro alvo dos investigadores, uma vez que armazena gordura. O tecido adiposo branco desempenha um papel central na homeostase lipídica e na manutenção do equilíbrio energético. Os principais componentes celulares do tecido adiposo, os adipócitos, armazenam energia sob a forma de triglicéridos ou libertam-na sob a forma de ácidos gordos, dependendo do estado nutricional do indivíduo. O desenvolvimento do tecido adiposo resulta da diferenciação de células precursoras ou pré-adipócitos presentes na fração não adiposa ou na fração estroma-vascular (GESTA et al., 2007). A transição dos pré-adipócitos para adipócitos diferenciados é influenciada pelos glucocorticóides e a acumulação de triglicéridos é orquestrada principalmente por duas categorias de factores de transcrição pertencentes à família PPAR (Peroxisome proliferator activated recetor) e à família C/EBP (Echancer binding proteins) (GREGOIRE et al., 1998; ROSEN e MAC DOUGALD, 2006). Os adipócitos regulam o metabolismo energético através da secreção de compostos inflamatórios, incluindo citocinas como o TNFa e a IL-6, e hormonas como a leptina (TILG e MOSCHEN, 2006). Muitos autores definem a obesidade como uma condição caracterizada pela hipertrofia e/ou hiperplasia dos adipócitos, levando a uma alteração da morfologia e da função secretora do tecido adiposo (HIRSCH e BATCHELOR, 1976; ANDRE, 2008). Os nossos resultados mostram um aumento significativo do peso relativo do tecido adiposo e dos lípidos totais nos ratos que consumiram a dieta de cafetaria em comparação com os controlos. A acumulação de gordura visceral é um importante marcador de disfunção do tecido adiposo (DESPRES e LEMIEUX, 2006; GAUVREAU et al., 2011), e deve-se a uma incapacidade de lidar com o excesso de ingestão de alimentos (BASDEVANT, 2006). Isto está de acordo com os resultados de BOUANANE et al (2009), que observaram um aumento do peso do tecido adiposo em ratos jovens submetidos à dieta de cafetaria em comparação com ratos de controlo. Estes resultados estão igualmente de acordo com os trabalhos de PETIT et al (2007) que demonstraram que uma dieta rica em gorduras conduz a um aumento da proliferação celular no tecido adiposo dos ratos e afecta consideravelmente a fisiologia intestinal e a utilização dos lípidos, a obesidade através da hiperfagia.

Os nossos resultados mostram também que os pesos relativos dos tecidos hepático e muscular apresentam um aumento significativo nos ratos idosos submetidos à dieta de cafetaria em relação aos seus controlos, o que pode dever-se ao enriquecimento em gordura proporcionado pela dieta de cafetaria, uma vez que o fígado actua como regulador da produção de substratos energéticos, o tecido adiposo como local de armazenamento de gordura e o músculo é o principal local de utilização destas fontes de energia, sendo todas as interações entre estes tecidos parcialmente controladas pela insulina. O diálogo entre os órgãos envolvidos no controle do balanço energético é um dos fatores fisiopatológicos da obesidade (BASDEVANT, 2006). O tecido adiposo tem funções endócrinas, parácrinas e até mesmo imunológicas que afetam outros tecidos, como o fígado e o músculo esquelético (GAUVREAU et al., 2011). Consequentemente, o seu desequilíbrio pode influenciar o funcionamento outros sistemas (BOUHALI, 2006). Os nossos resultados estão de acordo com o trabalho de MILAGRO et al (2006), que mostraram que o peso total do fígado aumentou 36% em ratos submetidos à dieta de cafetaria em comparação com um grupo de controlo. Os nossos resultados mostram um aumento significativo dos lípidos hepáticos totais nos ratos submetidos à dieta de cafetaria em comparação com os ratos de controlo. A dieta de cafetaria é um bom modelo de resistência à insulina que provoca a acumulação de lípidos no fígado (MILAGRO et al., 2006).

No entanto, a análise da composição lipídica dos órgãos sugere que existem alterações nos ratos idosos que seguem a dieta de cafetaria, em comparação com os ratos de controlo: os níveis de colesterol total e de triglicéridos no fígado e no tecido adiposo são significativamente mais elevados nos ratos idosos que seguem a dieta de cafetaria, em comparação com os ratos de controlo. Devido à baixa capacidade de autorregulação oxidativa dos substratos lipídicos, o excesso de ingestão de lípidos é em grande parte armazenado no tecido adiposo, levando a longo prazo a um aumento da massa adiposa e à sua disfunção, com consequências dramáticas em vários tecidos (GAUVREAU et al., 2011).

KIM et al (2000) estabeleceram que a acumulação de triglicéridos no músculo e no fígado está ligada à resistência à insulina, resultante uma perturbação da sinalização da insulina nestes tecidos. Isto pode explicar o aumento significativo dos níveis de triglicéridos (TG) hepáticos, musculares e do tecido adiposo nos ratos idosos submetidos à dieta de cafetaria, em comparação com os controlos. O aumento da síntese hepática do colesterol nos ratos submetidos à dieta de cafetaria, em comparação com os controlos, pode ser interpretado pelo excesso de acetil-CoA resultante da hiperglicemia observada nestes ratos. No intestino, os níveis de TG e de colesterol total (CT) não variaram entre os ratos submetidos à dieta de cafetaria e os seus controlos. Segundo equipa UNGER (2003), apenas o tecido adiposo está vocacionado para acumular TG (enzimas e receptores específicos para este armazenamento); se outros tecidos os acumulassem (gordura ectópica), a sua função seria prejudicada. A lipotoxicidade resulta uma acumulação ectópica de lípidos no fígado, mas também o músculo estará envolvido na resistência à insulina destes diferentes tecidos (DESPRES e LEMIEUX, 2006). A resistência à insulina (RI) caracteriza-se por uma redução da resposta celular e tecidular à insulina na presença uma concentração normal insulina ou como resposta normal ao hiperinsulinismo (BODEN E SHULMAN 2002; MCGARRY, 2002). A insulina é uma hormona proteica segregada pelas células β dos ilhéus de Langerhans no pâncreas. As suas funções são exercidas em numerosas células do organismo, com exceção das células nervosas, e os seus principais alvos são os músculos, os adipócitos e o fígado. É principalmente responsável pelo transporte transmembranar (através dos GLUT) e pela degradação da glicose nas células. Mais especificamente no tecido adiposo, estimula a lipogénese e inibe a lipólise. O tecido adiposo é um tecido especial porque é simultaneamente a vítima e o culpado da RI. A distribuição da gordura (visceral ou subcutânea) tem consequências diferentes na RI, sendo a gordura visceral a principal causa da RI. De facto, a acumulação de gordura visceral aumenta a libertação GLA na veia porta e diminui a produção de adiponectina, levando a uma redução da sensibilidade à insulina (YOUSSEF, 2009). Por outro lado, a gordura subcutânea é metabolicamente menos ativa do que a gordura visceral devido à sua menor densidade de receptores β-adrenérgicos e maior densidade de receptores α-adrenérgicos (CARLSON et al., 1969). No fígado (que é responsável por 75 a 85% da produção de glicose na fase pós-absortiva) (STUMVOLL et al, 1997), a IR manifesta-se por um aumento da oxidação dos AGL que estimulam a neoglucogénese e a síntese de triglicéridos, resultando numa produção excessiva de glicose que contribui para a deterioração da tolerância à glicose e promove a hiperglicemia em junho (GASTALDELLI et al., 2000), o que pode explicar a hiperglicemia observada nos ratos idosos submetidos à dieta de cafetaria em comparação com os controlos. Os distúrbios metabólicos devidos à obesidade podem ser agravados durante o envelhecimento, em que as alterações lipídicas relacionadas com a idade contribuem para a resistência à insulina (HEBUTERNE et al., 2001).

FERRANNINI et al (1983) e GROOP et al (1991) estabeleceram que, nos tecidos periféricos, com exceção do fígado, os GLA competem com a glicose, abrandando a sua absorção e utilização oxidativa, aumentando assim os níveis de glicose circulante. Os AGL poderiam igualmente afetar o transporte intracelular da glicose, interferindo com a sinalização da insulina. Pensa-se que o aumento concentração muscular de certos metabolitos de ácidos gordos, como o diacilglicerol e o acil-coA, estimula a fosforilação dos receptores de insulina ou dos substratos dos receptores de insulina (IRS1) através da proteína quinase C, inibindo assim os mecanismos de sinalização da insulina, o que resulta numa redução do transporte de glicose e numa hiperglicemia (SHULMAN et al., 2000; YU et al., 2002). Pensa-se que a má distribuição da gordura desempenha um papel importante no desenvolvimento da IR, atrasando a depuração da insulina e aumentando a síntese de lípidos. A síntese lipídica depende da lipoproteína lipase, uma enzima sintetizada por muitos tecidos, e a sua principal função é libertar ácidos gordos livres para a corrente sanguínea a partir da hidrólise dos TG nos quilomícrons e VLDL (BRAUN e SEVERSON, 1992; GOLDBERG, 1996). Os nossos resultados mostram um aumento atividade da LPL adipocitária em ratos idosos submetidos à dieta de cafetaria em comparação com os seus controlos, o que está de acordo com os estudos de SCHWARTZ e BRUNZELL (1981); SADUR et al. (1984); BESSESEN et al. (1991); BENKALFAT et al. (2011), que mostraram que a obesidade em humanos e roedores é caracterizada por um aumento na expressão de LPL pelo adipócito, o que facilita a síntese de TGs a partir de GLA, e assim contribui para o excesso de tecido adiposo. O aumento atividade da LPL no adipócito dos ratos experimentais pode também dever-se à hiperglicemia observada nestes ratos. De facto, ONG e KERN. (1989) mostraram que a glicose in vitro aumenta a atividade e a síntese da LPL pelos adipócitos em cultura. Pensa-se que a má distribuição da gordura entre o tecido adiposo, o músculo e o fígado desempenha um papel importante no desenvolvimento da IR. Quando os adipócitos e os miócitos partilham o mesmo meio de cultura, as células musculares desenvolvem IR devido à fosforilação das serina/treonina (Akt) quinases. A consequência é uma redução da translocação do GLUT-4 e, por conseguinte, da captação de glucose (DIETZE et al., 2002; DIETZE et al., 2005). Os nossos resultados mostram uma redução da atividade da LPL muscular nos ratos idosos submetidos à dieta de cafetaria, em comparação com os controlos. Isto está de acordo com outros estudos que mostram que a atividade da LPL no músculo esquelético é acentuadamente reduzida após a perda de peso (ECKEL et al., 1995; ROBERT e WANG, 2009). A LPL hepática está significativamente aumentada nos ratos obesos em comparação com os controlos. Este facto pode estar relacionado com um estado de resistência à insulina. KIM et al (2000) demonstraram que a sobreexpressão da LPL no fígado induzia um estado de intolerância à glucose e reduzia a supressão da produção hepática de glucose. O principal papel da LPL nos tecidos periféricos é fornecer ácidos gordos para armazenamento e/ou oxidação. Na obesidade, o aumento da lipogénese é também acompanhado por uma alteração da função lipolítica do tecido adiposo. LARGE et al (1998) demonstraram que existe uma forte correlação entre a capacidade lipolítica e o nível expressão da lipase sensível às hormonas (HSL). A LHS é uma enzima capaz de hidrolisar os TG, os diglicéridos e o colesterol (LANGIN et al., 2000). No entanto, no adipócito branco, a sua atividade principal é a hidrólise dos triglicéridos e dos diglicéridos. A sua atividade é regulada pela fosforilação de resíduos de serina (MAZZUCOTELLI e LANGIN, 2006). A insulina induz a desfosforilação da LHS, levando inativação da enzima (MIYOSHI et al., 2006). Os nossos resultados mostram um aumento da atividade da LHS nos ratos obesos em comparação com os controlos, possivelmente devido à resistência à insulina dos adipócitos, onde a insulina tem pouca influência na lipólise (Jocken et al., 2007). De facto, segundo alguns autores, os ratos obesos caracterizam-se por uma resistência à insulina de todo o corpo com disfunção das células beta na idade adulta (MERZOUK et al., 2001). Os nossos resultados contradizem os de LANGIN (2005) que observou uma relação entre uma diminuição da capacidade lipolítica estimulada e uma diminuição da expressão de LHS nos adipócitos de indivíduos obesos diferenciados em cultura primária. Um defeito na expressão de LHS poderia constituir um evento precoce no desenvolvimento da obesidade, destinado proteger o organismo contra a libertação excessiva ácidos gordos. A obesidade, o envelhecimento e a resistência à insulina estão fortemente associados a alterações quantitativas e qualitativas dos lípidos e das lipoproteínas plasmáticas (DENK, 2001; VERGES, 2001). Durante a IR, os AGL aumentam na circulação devido à incapacidade da insulina em inibir a lipólise e à redução da eliminação periférica dos AGL (KISSEBAH e PEIRIS, 1989). Este aumento dos níveis de AGL e de glucose aumenta a concentração de TG circulantes (GOLAY et al., 1987). Os nossos resultados estão de acordo com estes estudos, uma vez que foram observados níveis plasmáticos elevados de TG, TG-VLDL e TG-LDL nos ratos experimentais em comparação com os controlos. Para GOTTO. (1998), a hipertrigliceridemia está associada a uma sobreprodução hepática de VLDL e a uma redução da sua depuração metabólica. Os nossos resultados mostram também um aumento dos TG-HDL nos ratos experimentais que consumiram a dieta hipercalórica hiperlipídica em relação aos seus controlos que consumiram a dieta padrão. Para alguns autores, a quantidade de lípidos na alimentação parece não ter qualquer efeito sobre a concentração plasmática de TG (SCHWARZ et al., 1981).

Os ratos experimentais que consumiram a dieta rica em gorduras também apresentaram hipercolesterolemia associada a um aumento muito significativo dos níveis de CVLDL e LDL-C em comparação com os controlos. Muitos autores estabeleceram que um aumento do teor lipídico dos alimentos *conduz a* um aumento da concentração plasmática de colesterol, LDL-colesterol em cobaias (FERNANDEZ et al., 1996; ROMERO e FERNANDEZ, 1996), hamsters (BENNET et al., 1995; SALTER et al., 1998) e humanos (DREON et al., 1998; VIDON et al., 2001). Outros estudos demonstraram que, nas cobaias, o aumento do teor lipídico da ração altera a composição das lipoproteínas plasmáticas, em especial aumentando a proporção de ésteres de colesterol nas VLDL e LDL, Estas alterações na composição das lipoproteínas estão associadas a um aumento das actividades da 3-hidroxi-3-metilglutaril coenzima A redutase hepática (uma enzima envolvida na síntese do colesterol), da ACAT hepática e da LCAT plasmática, o que está de acordo com os nossos resultados que mostram um aumento da LCAT plasmática em ratos idosos que receberam a dieta de cafetaria em comparação com ratos de controlo (FERNANDEZ et al., 1995; MAGKOS et al., 2009). Nesta mesma espécie, foi também observado um desaparecimento mais lento das LDL plasmáticas, bem como uma redução do número de receptores LDL hepáticos, o que poderia explicar a hipercolesterolemia induzida por uma dieta rica em gorduras (FERNANDEZ et al., 1995; FERNANDEZ et al., 1996). No entanto, os mecanismos moleculares responsáveis pela regulação do perfil lipoproteico pelo teor lipídico dos alimentos continuam por esclarecer. Segundo LOUGHEED e STEINBRECHER (1996), os níveis plasmáticos elevados de LDL-C devem-se a uma secreção hepática excessiva de lipoproteínas ou a um defeito na eliminação do LDL, o que favorece o aprisionamento do LDL na íntima e a sua oxidação pelos radicais livres gerados pelas células adjacentes. Além disso, os ratos experimentais submetidos à dieta de cafetaria apresentam níveis baixos de HDL-C em comparação com os ratos do grupo de controlo. Esta redução deve-se provavelmente ao aumento da síntese de TG-VLDL, que drena os ésteres de colesterol e a Apo AI das HDL (VERGES, 2001), o que pode também explicar o aumento do teor proteico das HDL nos ratos experimentais (CHAPMAN, 1982; SCHAEFER e LEVY, 1985).

A composição em ácidos gordos do soro é alterada, com um aumento das percentagens ponderais dos AGS no soro, no fígado e no tecido adiposo. Este aumento dos AGS pode dever-se a um excesso de ingestão na dieta de cafetaria ou a um aumento da sua síntese. Uma dieta rica em gorduras aumenta a atividade da enzima FAS (WAKIL, 1989; AILHAUD, 2008).

Níveis elevados de MUFA no tecido adiposo e no fígado podem estar ligados à estimulação da atividade da estearoil-CoA dessaturase, uma enzima chave na síntese de MUFA. No tecido adiposo e no fígado, o ácido esteárico (C18:0), (conhecido por ser o substrato preferido da delta-9 dessaturase), sofre a dessaturação delta-9 para dar ácido oleico (18:1n-9). No tecido adiposo e no fígado dos ratos obesos, o ácido esteárico é convertido em ácido oleico numa proporção muito maior do que nos ratos de controlo. Este aumento pode ser o resultado de uma maior atividade da delta-9 dessaturase no tecido adiposo e no fígado, mas também pode ser explicado por uma necessidade diferente de AG de qualidade nestes tecidos, uma vez que o tecido adiposo é utilizado para armazenar AG para todo o organismo, enquanto o fígado utiliza os AG para sintetizar lipoproteínas ou os oxida para fins energéticos. Foi demonstrado que a atividade da enzima estearoil-CoA dessaturase nos adipócitos é elevada no rato Zucker obeso e envelhecido **(JONES et al., 1996).** Vários autores observaram, nos ratos Zucker obesos, uma redução do C20:4(n-6) em relação ao C18:2(n-6), tanto nos tecidos como nos lípidos circulantes, o que se explica por uma alteração do metabolismo dos AGPI. **Alguns autores observaram uma alteração do metabolismo dos AGPI, com um aumento dos AGMI e uma diminuição dos ácidos gordos polinsaturados de cadeia longa em ratos alimentados com uma dieta de cafetaria** (LLADO et al., 1996). **A obesidade está associada a** um aumento da delta 9 dessaturase e a uma redução da delta 5 dessaturase e da delta 6 dessaturase na sequência de **resistência à insulina (WAKIL e ABU-ELHEIGA, 2009).** Estas observações apoiam os nossos resultados. O aumento do C18:2(n-6) no tecido adiposo e no fígado dos ratos obesos idosos pode dever-se à inibição da conversão do C18:2(n-6) em C20:4(n-6) e à redução dos PUFAs de cadeia longa (C20:4n-6; C20:5n-3 e C22:6n3) na sequência da sua síntese reduzida, consequência óbvia da diminuição da atividade da delta 5 e da delta 6 dessaturase. De um modo geral, estas alterações podem, portanto, estar ligadas ao efeito da dieta de cafetaria, às alterações da atividade da dessaturase e à resistência à insulina.

Vários autores estabeleceram que o excesso de gordura corporal resulta em dislipidemia, caracterizada por altas concentrações de colesterol total, triglicéridos, lipoproteínas de baixa densidade e apolipoproteína B, e baixas concentrações de lipoproteínas de alta densidade e apoproteína A (CAPRIO et al., 1996; FREEDMAN et al., 1999; TEIXEIRA et al., 2001).

Os ratos experimentais apresentaram níveis elevados de proteínas nas fracções LDL e HDL em comparação com os seus controlos, e este aumento deveu-se provavelmente ao aumento da apoproteína B. Por outro lado, os nossos resultados revelam um aumento do teor de proteínas totais no soro e nos órgãos (fígado e tecido adiposo) dos ratos experimentais em comparação com os ratos de controlo. Com efeito, a manutenção da massa proteica corporal resulta do equilíbrio entre a síntese proteica e o catabolismo, segundo um ritmo dependente dos aportes de azoto exógeno (LACOIX et al., 2004). Este aumento pode dever-se à dieta "cafetaria" ou ao envelhecimento, que inclui perturbações na regulação do metabolismo proteico (BOIRE et al., 2005).

A creatinina e a ureia são excelentes marcadores da função renal e o seu aumento ou diminuição reflecte disfunção renal. A creatinina é o melhor marcador da função renal. É formada no organismo pela desidratação não enzimática da creatina sintetizada pelo fígado e armazenada no músculo. Um nível elevado de creatinina sérica (associado a um nível elevado de ureia) indica uma redução da filtração glomerular. A ureia, outro marcador da função renal, é produzida pela destruição das proteínas. É completamente filtrada pelos glomérulos. O seu nível sanguíneo reflecte o funcionamento global dos rins.

Os níveis de ureia e creatinina estavam elevados nos ratos obesos em comparação com os controlos, possivelmente devido a uma função renal anormal causada pela dieta de cafetaria ou a alterações metabólicas durante o envelhecimento, que se caracteriza por um declínio gradual das funções biológicas causado pela disfunção progressiva dos vários sistemas celulares envolvidos na reparação e manutenção da homeostasia. Como resultado, acumulam-se danos irreversíveis nos lípidos, nas proteínas e nos ácidos nucleicos (HOLLIDAY, 2006; RATTAN, 2008).

Foram registadas perturbações do sistema antioxidante na obesidade e no envelhecimento (FURUKAWA et al., 2004; AUGUSTYNIAK et al., 2005; SENTHIL KUMARAN et al., 2008; KUMARAN et al., 2009). O stress oxidativo ocorre quando a produção de radicais livres excede a capacidade do sistema de defesa antioxidante. Os radicais livres causam danos nas células, lípidos e proteínas, conduzindo a várias patologias (HIGDON e FREI, 2003; MERZOUK S et al., 2004).

A obesidade e o envelhecimento aumentam a taxa de peroxidação lipídica e de carbonilação das proteínas (FURUKAWA et al., 2004; DELATTRE et al., 2005). A medição dos níveis hidroperóxidos, MDA e proteínas carboniladas é um fator determinante do estado oxidante/antioxidante.

No nosso trabalho, os resultados obtidos confirmam a existência de stress oxidativo nos ratos idosos e também nos ratos obesos (KREGEL, 2007; BOUANANE et al., 2009). Os ratos obesos idosos alimentados com uma dieta de cafetaria apresentam um aumento da HYDR plasmática e dos níveis de malondialdeído (MDA) e de proteína carbonilada (PCAR) no plasma e nos tecidos, o que indica um stress oxidativo evidente. Foi demonstrado que uma dieta rica em calorias e gorduras aumenta a produção de radicais livres e reduz a capacidade de defesa antioxidante (SREEKUMAR et al., 2002; MILAGRO et al., 2006). Além disso, na obesidade, o stress oxidativo pode ser gerado como resultado da oxidação do excesso de nutrientes (UNGER, 2003). Convém recordar que se trata de ratos obesos, com uma ingestão alimentar acrescida e um excesso de tecido adiposo, mas também de ratos idosos e que numerosos estudos evidenciam a implicação do stress oxidativo no envelhecimento (ROMANO e SERVIDDIO., 2010).

A peroxidação lipídica foi estimada medindo os HYDP, os produtos essenciais da peroxidação lipídica, os ácidos gordos poli-insaturados (PUFA) ou os seus ésteres (por exemplo, fosfolípidos e triglicéridos) (MICHEL et al., 2008). A peroxidação lipídica leva à libertação de outros produtos de oxidação, como os dienos conjugados e os aldeídos que, em concentrações elevadas, são tóxicos para as células. A maioria destes aldeídos são altamente reactivos e podem ser considerados segundos mensageiros tóxicos que aumentam os danos iniciais causados pelos radicais livres. O aldeído mais estudado é o MDA, formado durante a clivagem dos ácidos gordos poli-insaturados com pelo menos três ligações duplas (ESTERBAUER et al., 1989). O aumento do HYDP no plasma e do MDA no plasma, no fígado, no músculo e no tecido adiposo de ratos idosos obesos alimentados com uma dieta de cafetaria é favorável a um aumento da oxidação lipídica.

A oxidação in vitro das lipoproteínas plasmáticas, induzida por metais (cobre), é determinada pelo controlo da formação destes dienos conjugados ao longo do tempo. A formação de dienos conjugados resulta do rearranjo das ligações duplas etilénicas dos ácidos gordos polinsaturados (AGPI) após a abstração radicalar de um hidrogénio malónico (ESTERBAUER et al., 1989). Os dienos conjugados são mais elevados nos ratos idosos obesos do que nos controlos, o que sugere um aumento da formação de produtos de peroxidação lipídica. Este resultado pode ser interpretado como uma oxidação muito rápida das lipoproteínas ao longo do tempo. Alguns autores notaram a rápida oxidação dos lípidos que ocorre nas LDL dos obesos como resultado da redução dos antioxidantes (CRUJEIRAS et al., 2006). De facto, a concentração de vitamina E, que inibe a propagação das reacções em cadeia que reagem com os radicais livres, e a de vitamina C, que previne a oxidação das LDL e regenera a vitamina E oxidada, estão reduzidas nos obesos e mesmo nos idosos (CRUJEIRAS et al., 2006 ; KREGEL , 2007).

Dado que as lipoproteínas são sensíveis aos fenómenos de oxidação, podemos supor que as lipoproteínas dos ratos obesos são menos resistentes à oxidação in vitro do que as dos controlos (ESTERBAUER et al., 1989). Os nossos resultados estão de acordo com os de KELISHADI et al. (2007), VINCENT et al. (2007) e UZUN et al. (2007), que mostram que a obesidade aumenta o stress oxidativo através do aumento da oxidação das lipoproteínas.

As proteínas carboniladas são consideradas marcadores da oxidação proteica. Foi observado um aumento significativo dos níveis de proteínas carboniladas no plasma e nos tecidos de ratos obesos idosos, em comparação com os controlos. Estes dados estão de acordo com os de VINCENT et al (2007) e UZUN et al (2007), que mostram que os níveis de proteínas carboniladas aumentam nos obesos, e com os de DELATTRE et al (2005), que mostram que os níveis de proteínas carboniladas aumentam nos idosos. A oxidação das proteínas é um sinal de danos nos tecidos causados pelo stress oxidativo, pelo aumento dos níveis de hidratos de carbono ou por ambos (KREGEL, 2007). Recorde-se que os ratos obesos idosos têm hiperglicemia, que pode induzir a glicação e a oxidação das proteínas.

Vários autores referem que a dieta de cafetaria induz um aumento da formação de radicais livres na sequência de uma alteração dos mecanismos oxidativos mitocondriais, associada a um aumento da peroxidação lipídica, da oxidação lipoproteica e da oxidação proteica (SREEKUMAR et al., 2002; LOPEZ et al., 2003; MILAGRO et al., 2006; GARCIA-DIAZ et al., 2007). No nosso trabalho, a dieta de cafetaria não só provoca uma produção excessiva de radicais livres, como também reduz a capacidade de defesa antioxidante através da redução de certas actividades de enzimas antioxidantes em ratos obesos idosos.

O organismo possui um sistema antioxidante complexo, que inclui componentes enzimáticos e não enzimáticos, que protege as biomoléculas (proteínas, lípidos, etc.) contra os efeitos nocivos dos radicais livres. A hiperprodução de radicais livres e, por conseguinte, os danos que provocam nos tecidos, são limitados pela presença endógena natural de substâncias antioxidantes. Outros sistemas de destruição dos radicais livres não são enzimáticos, mas sim estrequiométricos, em que as moléculas reagem uma a uma; uma vez que tenham reagido com um radical livre, são destruídas. O principal destruidor estrequiométrico dos radicais livres é o a-tocoferol (vitamina E), que inibe a propagação da cadeia oxidativa reagindo com os radicais livres. Para além do seu papel antioxidante, o ácido ascórbico (vitamina C) regenera a vitamina E. A vitamina A inibe a peroxidação lipídica, mas pode também inibir diretamente os radicais hidroxilos (JAESCHKE, 1995). No que respeita aos marcadores da defesa antioxidante, neste estudo medimos os níveis plasmáticos de vitamina C a . Medimos também a atividade antioxidante da catalase, que catalisa a dismutação do peróxido de hidrogénio em água e oxigénio molecular, e do glutatião, um tripeptídeo formado pela condensação do ácido glutâmico, da cisteína e da glicina: γ-L-Glutamil-L-cisteinilglicina. O glutatião, que existe nas formas oxidada e reduzida, está envolvido na manutenção do potencial redox citoplasma da célula. Está também envolvido em várias reacções de desintoxicação e na eliminação de espécies reactivas de oxigénio. Note-se que o grupo amina da cisteína se condensa com a função ácido γ-carboxílico do ácido glutâmico. Praticamente todas as células contêm uma elevada concentração de cisteína. Esta é simplificada por GSH (forma reduzida) ou GSSG (forma oxidada), sendo a função tiol que lhe confere as suas principais propriedades bioquímicas.

Os nossos resultados mostram que os níveis plasmáticos de vitamina C estão reduzidos nos ratos obesos idosos em comparação com os ratos de controlo. Estes resultados estão de acordo com os obtidos em humanos por SINGH et al (1994; 1998) que mostraram uma associação positiva significativa entre a obesidade e uma redução dos níveis séricos de beta-caroteno e de vitaminas antioxidantes C e E. Além disso, Perticone et al (2001) indicam uma diminuição dos níveis séricos de vitamina C durante a obesidade humana. As actividades das enzimas antioxidantes também são modificadas nos ratos obesos. As actividades da catalase e da GSH estão reduzidas no plasma, mas a GSH está aumentada no fígado e no tecido adiposo dos ratos obesos idosos. Vários estudos relataram diferentes actividades das enzimas antioxidantes durante a obesidade e o envelhecimento, indicando um aumento ou uma diminuição (VINCENT e TAYLOR, 2006; JAYAKUMAR et al., 2007; SENTHIL KUMARAN et al., 2008; KUMARAN et al., 2009; AYDIN et al., 2010). Com efeito, face ao stress oxidativo, as enzimas antioxidantes são consumidas e inactivadas, o que pode explicar a redução das actividades plasmáticas da catalase e da GSH nos ratos obesos idosos.

RAJASEKARAN et al (2002) mostram que a diminuição da GSH é a causa da diminuição do ácido ascórbico e do a-tocoferol. Além disso, a formação de radicais livres estimula e ativa a defesa antioxidante, o que pode explicar o aumento da atividade da GSH no fígado e no tecido adiposo dos ratos obesos idosos (DELATTRE et al., 2005). Não foram observadas diferenças no músculo e no intestino.

No seu conjunto, os resultados sugerem que a obesidade e o envelhecimento estão associados a alterações do metabolismo dos lípidos e das lipoproteínas e do estado oxidante/antioxidante. É portanto necessário procurar meios simples, nomeadamente nutricionais, para corrigir estas anomalias metabólicas. O segundo objetivo do nosso trabalho é, portanto, estudar o papel dos AGPI (n-3) fornecidos pelo óleo de linhaça, que são agentes hipolipemiantes, mas também com propriedades anti-aterogénicas e antioxidantes.

O estudo de BURR et al (1989) demonstrou os benefícios dos AGPI n-3 através da administração de 3 dietas diferentes a 3 grupos que sofriam de doença coronária. O primeiro grupo recebeu uma dieta com um consumo moderadamente elevado de ácido linoleico, o segundo grupo uma dieta rica em peixe e o terceiro uma dieta rica em fibras, todos com um baixo consumo de gorduras saturadas. Apenas o grupo do peixe registou uma redução de 29% na mortalidade coronária e total.

Estudos epidemiológicos mostraram também uma redução da incidência de patologias inflamatórias nos esquimós japoneses e da Gronelândia. Este facto é atribuído a um consumo elevado de peixe de mar frio rico em PUFAs n-3 (JOLLY et al., 1997; MILES e CALDER, 1998; WESLY et al., 1998).

Os nossos resultados mostram que a dieta enriquecida com óleo de linhaça conduz a uma redução da hiperglicemia com uma diminuição acentuada com a percentagem de 5% de óleo de linhaça. Este facto está de acordo com os resultados de FASHING et al (1991), que referem que a administração de óleo de peixe durante duas semanas a pacientes obesos que sofrem de resistência à insulina aumentou significativamente a sua sensibilidade à insulina. Os nossos resultados também mostram que a suplementação da dieta com óleo de linhaça resultou numa ligeira perda de peso em ratos idosos de controlo. Por outro lado, os ratos idosos obesos alimentados com a dieta de cafetaria suplementada com óleo de linhaça tiveram um peso corporal significativamente mais baixo do que os ratos idosos obesos alimentados apenas com a dieta de cafetaria e efeito do óleo de linhaça a 5% foi mais acentuado do que a 2,5%. Os nossos resultados estão de acordo com os de FICKOVA et al (1998) que mostraram que os ratos alimentados com uma dieta enriquecida com PUFAIn-3 tinham um peso corporal e uma concentração de insulina mais baixos do que os ratos alimentados com uma dieta enriquecida com PUFA n-6. Estudos realizados em animais e seres humanos mostraram que os ácidos gordos polinsaturados (AGPI) são mais facilmente utilizados como combustível, enquanto os ácidos gordos saturados (AGS) são mais susceptíveis de serem acumulados no tecido adiposo (HARIRI et al., 2010). De acordo com (SHIROUCHI et al., 2007), esta perda de massa gorda é induzida por uma redução da proliferação de pré-adipócitos e da adiposidade. Além disso, os PUFAs n-3 reduzem a lipogénese dos adipócitos, aumentando a sensibilidade do tecido muscular à insulina e, portanto, reduzindo o transporte de glicose, bem como reduzindo o armazenamento de lípidos no tecido adiposo (LOVEJOY, 1999). JUCKER et al (1999) compararam os efeitos do consumo de AGPI n-3 com os efeitos do consumo de AGPI n-6 e concluíram que estes últimos aumentam os níveis de triglicéridos intramusculares, provocam a resistência à insulina e reduzem a glicólise muscular. É por isso que o equilíbrio n-3/n-6 é um fator importante no metabolismo celular. OAKES et al (1997) atribuíram o aumento dos níveis de triglicéridos intramusculares à redução in situ dos níveis de insulina responsáveis pela estimulação do metabolismo da glicose no músculo e da glicogénese no fígado. Os PUFA n-3 reduzem igualmente a hiperlipidemia e as complicações a longo prazo da obesidade. HARRIS et al (,1988), CONNOR (1986), SIRTORI et al (2002) mostraram uma redução dos níveis séricos de TG e de CT sob o efeito dos AGPI n-3. Os nossos resultados estão de acordo com os de estudos anteriores.

Verificámos que o óleo de linhaça corrigiu os distúrbios lipídicos de ratos idosos obesos. Isto é representado por uma redução dos níveis séricos de TG resultante de uma redução dos níveis de TG hepáticos, adipócitos e musculares.

Vários estudos têm demonstrado que a redução dos níveis de TG nos tecidos insulino-dependentes está na origem da redução dos níveis séricos de TG (WONG et al., 1985; HOORROCKS e YEO, 1999). No nosso estudo, também observámos que a dieta enriquecida com óleo de linhaça teve um efeito redutor do colesterol nas lipoproteínas e no soro de ratos obesos idosos. O efeito hipocolesterolemiante dos PUFA n-3 contidos no óleo de linhaça foi acompanhado por uma redução do colesterol hepático e do tecido adiposo, o que sugere uma redução da síntese do colesterol ou um aumento da sua excreção na bílis. De facto, foi demonstrado que o óleo de peixe induz variações no metabolismo do colesterol no fígado de ratos, levando a um aumento da sua excreção na bílis (CONNOR, 1986).

Vários estudos também relataram o efeito redutor do colesterol dos AGPI n-3 em ratos (MERZOUK e KHAN, 2003; SOULIMANE et al., 2005). No entanto, nos seres humanos, o efeito dos PUFAs no metabolismo do colesterol é debatido. SANDERS et al (1983) relataram que 20g/dia de óleo de peixe (contendo 5g de PUFAs n-3) reduziram significativamente os níveis séricos de TG em humanos, enquanto os níveis de colesterol só foram reduzidos em indivíduos com níveis iniciais elevados de colesterol.

No entanto, é importante notar que a dieta enriquecida com óleo de linhaça aumentou significativamente o HDL-C em ratos idosos obesos. No nosso estudo, é importante salientar que a dieta enriquecida com óleo de linhaça resultou num aumento significativo do colesterol HDL em ratos idosos obesos. Estes resultados são consistentes com os de SANDERS et al (1983). O HDL é conhecido pelo seu efeito anti-aterogénico e pela sua proteção das VLDL contra as modificações oxidativas (HIGDON E FREI, 2003).

Os nossos resultados mostram uma diminuição das proteínas nas fracções LDL e HDL, bem como uma diminuição no tecido adiposo e no fígado, ao passo que não se verificou qualquer diferença no músculo e no intestino dos ratos submetidos a uma dieta de cafetaria enriquecida com óleo de linhaça. FAILOR et al (1988) observaram uma redução significativa das apoproteínas B nos indivíduos que consumiam In-3 PUFAs.

GRUNDY (2006) explicou o efeito dos AGPI n-3 na redução do LDL e da hipercolesterolemia facilitando a depuração dos quilomícrons e reduzindo a concorrência de pequenas quantidades de VLDL. De um modo geral, o efeito hipolipemiante dos AGPI n-3 pode ser explicado da seguinte forma:

Estes ácidos gordos podem reduzir a síntese de TG e a secreção de quilomícrons pelas células intestinais (HARRIS, 1989) e suprimir a síntese hepática de ácidos gordos e a produção de TG, limitando assim a secreção de VLDL (CONNOR, 1985; 1986; WONG e MARSH, 1988). Nos ratos, os PUFA n-3 reduzem a atividade da glicose-6-fosfato desidrogenase, da enzima málica e da acetil-CoA carboxilase (IRITANI et al., 1980). O EPA reduz os TG hepáticos através da inibição da fosfatidato fosfohidrolase e das aciltransferases (RUSTAN e DREVON, 1989; WONG e MARSH, 1988). Os PUFA n-3 reduzem o reservatório de TG no VLDL inibindo a síntese de TG e possivelmente aumentando a depuração de TG-VLDL (WONG e MARSH, 1988; HARRIS, 1989). Estes ácidos gordos também reduzem a síntese de apoproteínas (ILLINGWORTH et al., 1984; WONG e MARS, 1988). Foi relatado que o EPA reduz a produção de apoproteínas em humanos e ratos (NESTELET al., 1984; 1986) e pode reduzir os níveis de VLDL.

Os nossos resultados mostram também uma diminuição da atividade da LCAT nos ratos alimentados com uma dieta enriquecida com óleo de linhaça. Estes resultados estão de acordo com os de TSUKAMOTO et al (1982) e SUBBAIAH et al (1998) que constataram que o consumo de uma dieta rica em PUFAs reduzia a atividade da LCAT. SINGER et al (1990). verificaram o mesmo após uma dieta rica em óleo de linhaça (rico em AGPI n-3).

Os resultados de LI et al (2005) mostraram um aumento dos ácidos biliares ou da sua excreção em ratos alimentados com uma dieta enriquecida em AGPI, o que reduziu simultaneamente a acumulação de colesterol no fígado. O efeito dos AGPI n-3 na atividade da LPL é debatido; alguns autores constataram que esta atividade se mantém inalterada com uma dieta enriquecida em AGPI n-3 (DAVID et al., 1987). No entanto, os nossos resultados mostram um aumento da atividade da LPL nos adipócitos e no fígado dos ratos submetidos a uma dieta enriquecida com óleo de linhaça. Este facto não está de acordo com os resultados de HAUG e HOSTMARK . (1987) que observaram uma redução de 50% da atividade da LPL nos ratos que consumiram uma dieta enriquecida com óleo de peixe.

os níveis de creatinina e de ureia em ratos submetidos a uma dieta enriquecida com óleo de linhaça mostraram uma redução em comparação com os de ratos submetidos apenas a uma dieta de cafetaria, o que pode ser favorável a uma função renal normal em ratos idosos e também a um efeito benéfico do óleo de linhaça na função renal (KELLEY et al., 1991).

DAS et al (2001) sugerem que a suplementação com EPA e DHA inibe a produção de radicais livres e suprime a peroxidação lipídica em pacientes que sofrem de síndrome nefrítica. Estes resultados sugerem que o EPA ou o DHA podem estar envolvidos na eliminação dos radicais livres.

Os nossos resultados mostram que a composição dos AG no soro do fígado e no tecido adiposo dos ratos idosos é modificada após o enriquecimento da dieta com óleo de linhaça, com uma diminuição dos AGS, AGMI e C18:2n-6 e um aumento dos AGPI, C18:3n-3, C20:5n-3 e C20:4n-6, reflectindo a diferença dos ácidos gordos que compõem a dieta e a melhoria das actividades da dessaturase. Os nossos resultados estão de acordo com os de (MIRET et al.,2003 ; HUSSEIN et al.,2007)

Os nossos resultados indicam também que o óleo de linhaça aumenta os níveis de vitamina C e as actividades das enzimas antioxidantes eritrocitárias. Por outro lado, reduz os níveis de hidroperóxidos e proteínas carboniladas em ratos idosos obesos, o que é consistente com vários estudos (KESAVULU et al., 2002; SARSILMAZ et al., 2003; JAYAKUMAR et al., 2007; SENTHIL KUMARAN et al., 2008). A dieta enriquecida com óleo de linhaça melhora o estado oxidante/antioxidante e reduz o stress oxidativo induzido pela obesidade e pela idade, o que realça os efeitos benéficos dos PUFAs n-3 e é consistente com os resultados de YESSOUFOU et al (2006).

A redução da suscetibilidade dos tecidos à oxidação pelos AGPI n-3 pode estar ligada a uma melhoria da estabilidade da membrana celular, após a incorporação destes ácidos gordos nos fosfolípidos da membrana plasmática (YUAN e KITTS, 2002). BRUDE et al (1997) referem que o tratamento de pacientes obesos com n-3 PUFAs pode estar ligado a uma melhoria da sensibilidade da membrana das células, após a incorporação destes ácidos gordos nos fosfolípidos da membrana plasmática (YUAN e KIETTS, 2002). BRUDE et al (1997) referem que a acumulação de EPA e DHA na membrana plasmática reduz o ataque às ligações duplas por radicais livres ou H_2O_2.

O facto de o óleo de linhaça ser rico em ácido α-linolénico, que, após alongamento e dessaturação, dá origem ao ácido eicosapentaenóico (EPA), pode explicar por que razão este ácido gordo pode contribuir significativamente para as propriedades antioxidantes. DEMOZ et al (1992) e VENKATRAMAN et al (1994) referiram que os PUFA In-3 modulam as actividades das enzimas antioxidantes e aumentam a eficácia do sistema de defesa antioxidante do organismo. Também foi demonstrado que os ácidos gordos do óleo de peixe aderem à composição fosfolipídica da membrana celular, resultando num aumento dos níveis de EPA e DHA em detrimento do ácido araquidónico (ANDO et al., 1998). Esta substituição pode reduzir o efeito negativo do ácido araquidónico (n-6) no estado antioxidante. Além disso, a composição em ácidos gordos da membrana influencia as propriedades físicas da membrana celular (fluidez, permeabilidade), a atividade dos receptores, das enzimas e dos canais iónicos, bem como a resposta celular dos segundos mensageiros a diversos estímulos.

O efeito benéfico dos PUFAs In-3 envolve o EPA e o DHA. Sabe-se que o EPA aumenta os eicosanóides da família n-3, que exercem um efeito oposto ao dos eicosanóides da família n-6 (derivados do ácido araquidónico). O EPA também pode ser convertido em DHA, que, para além do DHA dietético, pode contribuir ainda mais para os efeitos benéficos. Um estudo mostrou que o DHA pode aumentar certos derivados, como os docosatrienos ou as resolvinas, que também têm um efeito benéfico (SHERHAN et al., 2004). No entanto, o mecanismo pelo qual o EPA e o DHA exercem um efeito benéfico no estado antioxidante ainda não foi demonstrado.

Além disso, o óleo de peixe aumenta a atividade e os níveis de ARNm da catalase, glutatião peroxidase, superóxido dismutase (VENKATRAMAN et al., 1994) e glutatião redutase hepática em ratos (DEMOZ et al., 1992).

KHAN e HICHAMI. (2002) demonstraram igualmente que os PUFA In-3 modulam os mecanismos de sinalização celular através da sua incorporação nos fosfolípidos da membrana celular.

Num meio aquoso, o éster metílico do EPA e do linoleato está presente na forma micelar, e a oxidabilidade do éster metílico do EPA é inferior à do éster metílico do linoleato. As micelas de EPA têm duas ou mais moléculas de oxigénio no seu radical peroxilo, enquanto as micelas de linoleato têm apenas uma molécula (YAZU et al., 1998). Estes autores discutiram o facto de o EPA ser mais polar do que o linoleato e de os radicais polares poderem migrar do núcleo lipofílico da micela para a superfície polar. Esta migração cria um ambiente favorável à formação de compostos estáveis, o que reduz a propagação de reacções oxidativas (WANDER e SHI-HUA, 2000). Este é um dos mecanismos que pode explicar as propriedades antioxidantes do EPA, que actua como peroxil e eliminador de radicais livres. Apenas os mecanismos pelos quais o DHA actua como antioxidante ainda não foram elucidados.

Estes resultados mostram claramente que os PUFA n-3 têm um efeito benéfico nas perturbações do metabolismo lipídico e no estado oxidante/antioxidante, que são alterados pela obesidade e pela idade.

CONCLUSÃO

A obesidade tornou-se um grande problema de saúde pública, com esta epidemia a preceder uma impressionante vaga de patologias (diabetes de tipo II, dislipidemia, perturbações cardiovasculares....). A Organização Mundial de Saúde fez da sua prevenção e gestão uma prioridade no domínio da patologia nutricional.

Além disso, o envelhecimento, que se caracteriza por um abrandamento de todas as vias metabólicas, bem como por alterações da homeostase dos hidratos de carbono, dos lípidos e das proteínas e por um stress oxidativo intenso, proporciona um ambiente favorável ao desenvolvimento de numerosas doenças.

A combinação da obesidade e do envelhecimento pode, por conseguinte, agravar as alterações metabólicas.

No contexto da luta contra a obesidade e o envelhecimento e da redução da sua progressão, a prevenção nutricional através de dietas enriquecidas com óleo rico em n-3 PUFA ocupa um lugar especial. No nosso estudo, procurámos determinar os efeitos da dieta de cafetaria (hipercalórica e hiperlipídica) e da suplementação com óleo de linhaça (2,5% e 5%) sobre o peso corporal e as alterações metabólicas (parâmetros lipídicos e proteicos e estado oxidante/antioxidante), utilizando um modelo experimental de obesidade nutricional, ratos wistar idosos.

Os dados epidemiológicos sugerem que uma dieta rica em gorduras favorece o desenvolvimento da obesidade, pelo que utilizámos um modelo experimental de obesidade nutricional: a dieta "cafetaria". Neste modelo, são oferecidos aos animais vários tipos de alimentos humanos altamente palatáveis e densos em energia, de modo a induzir uma hiperfagia voluntária, que leva ao aparecimento da obesidade. A utilização desta dieta em ratos Wistar permite-nos demonstrar o aparecimento da obesidade.

Os nossos resultados mostram que a dieta "cafetaria" induz um aumento significativo do peso corporal nos ratos idosos. Este excesso de peso está associado a uma acumulação de tecido adiposo e ao seu enriquecimento em lípidos (aumento dos CT e TG). Foi igualmente observada uma hiperlipidemia no fígado e no tecido adiposo. Além disso, o perfil lipídico dos ratos idosos que consumiram a dieta "cafetaria" caracterizou-se por um aumento dos níveis séricos e das lipoproteínas TC e TG e por uma diminuição do colesterol HDL. Verificou-se também uma redução da atividade da LCAT, o que pode explicar a diminuição dos níveis de HDL-C, bem como um aumento dos MUFA e C18:2(n-6).

Os nossos resultados mostram também um aumento da atividade da LPL no tecido adiposo e no fígado dos ratos obesos que seguem a dieta de cafetaria, o que permite a captação e o armazenamento de lípidos nestes órgãos. A sobre-expressão da atividade da LPL pode estar ligada a um estado de resistência à insulina, devido à hiperglicemia observada nestes ratos que consomem a dieta "cafeteria", bem como ao aumento da atividade lipolítica da LHS no tecido adiposo destes mesmos ratos, onde a insulina tem pouca influência na lipólise. É evidente uma dieta rica em gorduras e calorias leva a uma maior acumulação de lípidos no tecido adiposo, resultando em obesidade que está fortemente associada à resistência à insulina e à acumulação ectópica de lípidos noutros órgãos, como o fígado, resultando em distúrbios metabólicos que podem levar a eventos cardiovasculares.

Em termos de estado oxidante/antioxidante, os resultados obtidos reflectem um stress oxidativo significativo. Nestes ratos idosos obesos, observámos um aumento dos níveis plasmáticos e tecidulares de MDA, PCAR e marcadores da oxidação das lipoproteínas, bem

como da atividade da catalase e do glutatião no plasma, e uma diminuição da vitamina C.
A suplementação com óleo de linhaça na dieta de cafetaria confirma a influência benéfica dos PUFAs n-3 no peso corporal, com uma redução da lipogénese. Ao nível dos órgãos, o óleo de linhaça reduz significativamente o peso médio do tecido adiposo nos obesos. Além disso, o óleo de linhaça reduziu a glicémia nos ratos de controlo e os lípidos plasmáticos e tecidulares (fígado, músculo, intestino, tecido adiposo), confirmando o efeito hipolipemiante e hipocolesterolemiante do óleo de linhaça. Este efeito foi muito marcado nos ratos obesos do grupo etário (CAFL5%).
Os nossos resultados mostram igualmente o efeito benéfico do óleo de linhaça sobre a produção de marcadores de oxidação, levando a uma redução da produção de MDA, HYDP e PCAR, e actuando sobre os marcadores de oxidação in vitro das lipoproteínas plasmáticas, limitando a taxa de oxidação das lipoproteínas. O óleo de linhaça actua igualmente nos órgãos, limitando a produção de MDA e de PCAR nos tecidos hepático, muscular e adiposo. O efeito benéfico do óleo de linhaça no perfil redox dos tecidos parece ser mais marcado nos obesos do que nos controlos. O óleo de linhaça modula a atividade das enzimas antioxidantes através dos seus ácidos gordos n-3 e, por conseguinte, regula os marcadores do estado oxidativo nos ratos idosos.
Este estudo permitiu-nos concluir que o óleo de linhaça (2,5% e 5%) tem um efeito benéfico na redução da obesidade e das consequências do envelhecimento, regulando os parâmetros metabólicos e o equilíbrio redox.
No seguimento do nosso trabalho, queremos utilizar esta mesma linha de investigação para aprofundar os nossos conhecimentos sobre os mecanismos de ação do linho na fisiopatologia dos ratos idosos obesos, de investigação molecular.

REFERÊNCIAS BIBLIOGRÁFICAS

1. ABDEL-MONEIM AE, DKHIL MA, AL-QURAISHY S (2010) O Estado Redox em Ratos Tratados com Óleo de Linhaça e Hepatotoxicidade Induzida por Chumbo. Biol Trace Elem Res. 2010 Oct 20 (Epub ahead of print).

2. AEBI H (1974) Catalase In methods of enzymatic analysis. Verlag Chimie Gmbh Weinheim. 2: 673 - 684.

3. AFSSA (2001). Acides gras de la famille oméga 3 et système cardiovasculaire : intérêts nutritionnel s. http://www.mangerbouger.fr/pro/IMG/pdf/AcidesGrasAfssa.pdf.

4. AILHAUD G (2002) Autocrine/paracrine effectors of adipogenesis. Ann. Endocrinol (Paris) .63:83-5

5. AILHAUD G (2008) Apports lipidiques et prise de poids : aspects qualitatifs. OCL. 15: 37-40.

6. AILHAUD G (2007) Développement du tissu adipeux : importance des lipides alimentaires. Centro de Bioquímica .UNSA .Nice : 4-6.

7. AILHAUD G , GUESNET P (2003) Fatty acid composition of fats in an early determinant of obesity: a short review and opinion.Obesity reviews (s press).

8. ALBERS JJ, CHEN CH, LACKO AG (1986) Isolamento, caraterização e ensaio da lecitina-colesterol aciltransferase. Methods Enzymol. 129: 763-783.

9. ALBERTI K G, ZIMMET P, SHAW J (2005) The metabolic syndrome-a new worldwide definition. Lancet 366(9491): 1059-62.

10. ANDO K, NAGATA K, BEPPU M, KIKUGAWA K, KAWABATA T, HASEGAWA K, SUZUKI M (1998) Efeito da suplementação com ácidos gordos n-3 na peroxidação lipídica e na agregação de proteínas na membrana de eritrócitos de rato. Lipids.33:505-512.

11. ANDRE C (2008) Etude du rôle des cytokines dans l'activation de l'indoléamine 2,3-dioxygénase cérébrale impliquée dans les altérations comportementales associées à l'inflammation. [Tese de doutoramento em ciências da vida e da saúde]: Université Toulouse III.

12. ARTHUR Y, HERBETH B, GUENOURI L, LECOMTE E, JEANDEL C, SIEST G (1992) Age-related variations of enzymatic defenses against free radicals and peroxides. In: Emerit I, Chance B, eds. Free radicals and aging. Basileia: Birkhaüser Verlag.359-67.

13. AUBIN MC (2009) Étude de la fonction vasculaire et du remodelage cardiaque avant l'établissement de l'obésité et de la dyslipidémie chez les rats femelles Sprague-Dawley recevant une régime riche en gras. [Tese de doutoramento em Farmacologia]: Universidade de Montreal, Faculdade de Medicina.

14. AUGUSTYNIAK A, WASZKIEWICZ E, SKRZYDLEWSKA E (2005) Ação preventiva do chá verde relativamente a alterações nas capacidades antioxidantes do fígado de diferentes ratos idosos intoxicados com etanol. Nutrition .21:925-932.

15. AYDIN A.F, KUCUKGERGIN C, OZDEMIRLER-ERATA G, KOCAK-TOKER N, UYSAL M (2010) O efeito do tratamento com carnosina no equilíbrio pró-oxidante-antioxidante nos tecidos do fígado, coração e cérebro de ratos machos idosos. Biogerontologia .11: 103-109.

16. BARANOWSKI M, ENNS J, BLEWETT H, YAKANDAWALA U, ZAHRADKA P, TAYLOR CG (2012) O óleo de linhaça dietético reduz o tamanho dos adipócitos, os níveis de proteína-1 quimioatraente de monócitos adiposos e a infiltração de células T em ratos obesos e resistentes à insulina. Cytokine .59:382-91.

17. BARBER T, VINA JT, CABO J (1985) Diminuição da síntese de ureia na obesidade induzida por dieta de cafetaria no rato. Biochem J. 230: 675-681.
18. BASDEVANT A (2006) L'obésité: origines et conséquences d'une épidémie. C. R. Biologies.329: 562-569.
19. BASDEVANT A, GUY-GRAND B (2004) Traité de médecine de l'obésité, Flammarion Médecine Sciences, Paris.
20. BAUER JD (1982) Clinical laboratory methods. St. Louis, C.V. Mosby Co, 9ª ed
21. BEAUDEUX JL, VASSON MP (2005) Sources cellulaires des especes réactives de l'oxygénes in: Radicaux libres et stress oxydant Aspects bilogiques et pathologiques. Coordenadores DELATTRE J, BEAUDEUX JL, BONNEFONT-ROUSSELOT D. Editions Lavoisier, Paris: 45-86.
22. BENKALFAT N, MERZOUK H, BOUANANE S, MERZOUK SA, BELLENGER J, GRESTI J, TESSIER C, NARCE M (2011) Alterações do metabolismo do tecido adiposo na descendência de ratazanas obesas. Clinical science. 121(1):19-28
23. BENNETT AJ, BILLETT MA , SALTER AM, WHITE DA (1995) Re gulation of ham s ter mi crosom al triglyceride transfer protein m R NA le vels by dietary fats. Biochem. Biophys. Res. Commun. 212 : 473-478.
24. BERR C, NICOLE A, GODIN J (1993) Selénio e enzimas metabolizadoras de oxigénio em idosos residentes em comunidades. Um estudo epidemiológico piloto. J Am Geriatr Soc .41 : 143-8.
25. BESANÇON P (2001) Besoins alimentaires et qualité nutritionnelle des aliments. In. J.Cheftel. H. Cheftel. P. Besançon. Technique et documentation. Paris. Lavoisier. 5: 89 - 134.
26. BESSESEN DH, ROBERTSON AD, ECKEL RH (1991) A redução de peso aumenta a adiposidade mas diminui a LPL em ratos Zucker com obesidade reduzida. Am J Physiol.261: E246-E251.
27. BJOMTORP P (1991) Metabolic implication of body fat distribution (Implicações metabólicas da distribuição da gordura corporal). Diabetes.14: 11321143.
28. BLIGH EG, DYER WJ (1959) Um método rápido de extração e purificação de lípidos totais. Can.J.Physiol.Pharmacol.37:911-917.
29. BLUNDELL JE, KING NA (1996) Overconsumption as a cause of weight gain: behavioural physiological interactions in the control of food intake (appetite). In: Chadwick DJ, Cardew GC. The origins and consequences of obesity. Chichester (UK), Wiley: 138-158.
30. BODEN G, SHULMAN GI (2002) Free fatty acids in obesity and type 2 diabetes: defining their role in the development of insulin resistance and beta-cell dysfunction. Eur J Clin Invest. 32 (Suppl 3):14-23.
31. BOIRIE Y, GUILLET C, ZANGARELLI A, GRYSON C., WELTROND S (2005) Altérations du métabolisme protéique au cours du vieillissement. Clinical Nutrition and Metabolism. 19(3):138-142.
32. BOKOV A, CHAUDHURI A, RICHARDSON A (2004) The role of oxidative damage and stress in aging. Mech Ageing Dev.125: 811-26.
33. BONNEFONT R, BEAUDEUX JL, DELATTRE J (2003) Radicaux libres et stress oxydant. Aspectos biológicos e patológicos. Lavoisier. Edição. DOC. Edições Médicas. Internationales. Paris. P : 147 - 167.
34. BOOZER CN, BRASSEUR A, ATKINSON RL (1998) Dietary fat affects weight loss and adiposity during energy restriction. Am J Clin Nutr. 58: 846-842.
35. BOUANANE S, BENKALFAT NB, BABA AHMED FZ, MERZOUK H, MOKHTARI

NS, MERZOUK SA, GRESTI J, TESSIER C, NARCE M (2009) Time course of changes in serum oxidant/antioxidant status in overfed obese rats and their offspring. Clinical Science. 116:669-680.
36. BOUHALI T (2006) L'adiponectine, un modulateur du risque de maladie coronarienne athérosclérotique dans l'hypercholestérolémie familiale. [Tese de doutoramento em ciências da vida e da saúde]: Université Laval Québec, Faculté de médecine.
37. BRANCA F (2008) Cerimónia de abertura. 16º Congresso Europeu sobre Obesidade, OMS. A obesidade é um problema crítico de saúde pública que afecta muitas vidas, muitas comunidades e muitas nações. 16º Congresso Europeu sobre Obesidade-ADGSpeech.pdf.
38. BRAUN JE, SEVERSON DL (1992) Regulation of the synthesis, processing and translocation of lipoprotein lipase. Bi ochem. J. 287: 337-347.
39. BRUDE IR, DREVON C, HJERMANN I, SELJEFLOT I, LEND-KATZ S, SAAREM K, SANDSTAD B, SOLVOL K, HALVORSEN B, ANESEN H, NENSETER M S (1997) Peroxidation of LDL from combined- Hyperlipidemic male smokers supplied with omega-3 fatty acids and antioxidants. Arterio. Thromb. Vasc.Biol.17:2576-2588.
40. BUCKLEY JD, HOWE PR (2010) Long-chain omega-3 polyunsaturated fatty acids may be beneficial for reducing obesity - a review. Nutrients.2:1212-30.
41. BUETTNER GR (1993) A hierarquia dos radicais livres e dos antioxidantes: peroxidação lipídica, alfa-tocoferol e ascorbato. Arch.Biochem. Biophys.300 (2):535-543.
42. BUETTNER R, PARHOFER KG, WOENCKHAUS M, WREDE CE, KUNZ-SCHUGHART LA, SCHÖLMERICH J, BOLLHEIMER LC (2006) Defining high-fat- diet rat models: metabolic and molecular effects of different fat types. Journal of Molecular Endocrinology. 36: 485-501.
43. BURR M, FEHILY A.M, GILBERT J.F, ROGERS S, HOLLIDAY R.M, SWEETNAM P M, ELWOOD, PC, DEADMAN N.M (1989) Effects of changes in fat fish and fibre intakes on death and myccardial reinfaction: diet and reinfaction trial (DART). Lancet.334: 757-761.
44. BURSTEIN M, FINE A, ATGER V (1989) Método rápido para o isolamento de duas subfracções purificadas de lipoproteínas de alta densidade por precipitação diferencial de cloreto de magnésio com sulfato de dextrano. Biochem. 71:741-746.
45. BURSTEIN M, SCHOLNICK HR, MORFIN R (1970) Rapid method for the isolation of lipoproteins by precipitation with polganions. JLR. 11: 583-595.
46. CABALLERO B (2007) The global epidemic of obesity: an overview. Epidemiol Rev. 29:1-5.
47. CADET J, BELLON S, BERGER M, BOURDAT A.G, DOUKI T, DUARTE V, FRELON S, GASPARUTTO D, MULLER E, RAVANAT J.L, SAUVAIGO S (2002) Recent aspects of oxidative DNA damage: guanine lesions, measurement and substrate specificity of DNA repair glycosylases. Biol. Chem. 383(6): 93.
48. CAPRIO S, HYMAN LD, MCCARTHY S, LANGE R, BRONSON M, TAMBORLANE WV (1996) Fat distribution and cardiovascular risk factors in obese adolescent girls: importance of the intra abdominal fat depot.Am J Clin Nutr. 64(1):12-7.
49. CARLSON LA, HALLBERG D, MICHELI H (1969) Quantitative studies on the lipolytic response of human subcutaneous and omental adipose tissue to noradrenaline and theophylline. Ata Med Scand. 185(6):465-9.
50. CARROLL L, VOISEY J, VAN DAAL A (2004) Mouse models of obesity. Clínicas em dermatologia. 22: 345-349.
51. CARTER J (1993) Flax seed as a source of alpha linolenic acid. Journal of the American

College of Nutrition. 12(5):551.
52. CEBALLOS-PICOT I, TRIVIER JM, NICOLE A, SINET PM, THEVENIN M (1992) Age-corrated modifications of copper-zinc dismutase and glutathione-related enzyme activities in human erythrocytes. Clin Chem.38 : 66-70.
53. CHAPMAN J (1982) Lipoproteins and the liver. Gastro enterol Clin. Biol. 6 : 482-499.
54. CHAPMAN MJ, SPOSITO AC (2008) Hypertension and dyslipidaemia in obesity and insulin resistance: pathophysiology, impact on atherosclerotic disease and pharmacotherapy. Pharmacology & Therapeutics. 117(3):354-373.
55. CHICCO AG, D'ALESSANDRO ME, HEIN GJ, OLIVA ME, LOMBARDO YB (2009) Uma dieta de sementes de chia (Salvia hispanica L.) rica em ácido a-linolénico melhora a adiposidade e normaliza a hipertriacilglicerolémia e a resistência à insulina em ratos dislipémicos. Brit J Nutr. 101:41-50.
56. CONNOR W.E, BRISTOW JD (1985) Coronary heart desease prevention complications and treatment. Philadelphia: Lippincott. 158.
57. CONNOR W.E (1986) Efeitos hiperlipidémicos dos ácidos gordos w-3 diários em humanos normais e hiperlipidémicos/ Eficácia e mecanismos. In: SIMOPOULOS AP, KIFER RR, MARTIN R E, eds. Health effects of polyunsaturated fatty acids in seafoods. Nova Iorque: Academic Press.173.
58. CODONER-FRANCH P, VALLS-BELLES P, BOIX L, TORRES MC, HERNANDEZ-MARCO R (2004) Estará a criança obesa em risco de stress oxidativo? SNFGE.P1.
59. CRUJEIRAS A B, PARRA M D, RODRIGUEZ M C, MARTINEZ DE MORENTIN B E, MARTINEZ J A (2006) A role for fruit content in energy-restricted diets in improving antioxidant status in obese women during weight loss. Nutrition. 22 (6): 593 - 599.
60. CUNNANE SC, GANGALI S, MENARD AC, LIEDE MJ, HAMEDEH ZY, CHEN TM., et al (1993) High α-linolenic acid flaxseed (Linum usitatissimum). Algumas propriedades nutricionais no ser humano. British Journal of Nutrition. 69(2): 443-453.
61. CURTIN JF, DONOVAN M, COTTER TG (2002) Regulation and measurement of oxidative stress in apoptosis. J.Immunol. Methods. 265:49-72.
62. DARIMONT C, YURINI M, EPITAUX M, ZBINDEN I, RICHELLE M, MONTELL E, MARTINEZ AF, MACE K (2004) B3-adrenoceptor agonist prevents alterations of muscle diacylglycerol and adipose tissue phospholipids induced by a cafeteria diet. Nutri Metab. 1 :4-12.
63. DAUBRESSE J C, CADIÈRE G B, STERNON J (2005) Obesidade no adulto: controlo e tratamento. Rev Med Brux. 26: 33-42.
64. DAS U N, MOHAN I K, RAJU TR (2001) Effect of corticosteroids and eicosapentaenoic acid/docosahexaenoic acid on pro-oxidant and antioxidant statuts and metabolism of essential fatty acids in patients with glomerular disorder. Prostaglandinas Leucot. Essent. Fatty.Acids. 65:197-203.
65. DAVID JS, BAZZAN A, WEAVER J, MAYER D, REICHLEF F.A (1987) mecanismo de redução do colesterol pelos ácidos gordos n-3 em modelos de ratos. Arteriosclerosis. 7:535.
66. DE LORGERIL et al (1994) Dieta mediterrânica rica em ácido alfalinolénico na prevenção secundária da doença coronária. Lancet. 343(8951):1454.
67. DE SAINT POL T (2009) Evolução da obesidade por estatuto social em França, 1981-2003. Economia e biologia humana. 7 (3), 394-404.
68. DE ZWART LL, MEERMAN JHN, Commandeur J N, Vermeulen N P(1999)

Biomarkers of free radical damage. Applications in experimental animals and in humans. Free Radic Biol Med .26: 202-26.

69. DEL VALLE LG (2011) Stress oxidativo no envelhecimento: Resultados teóricos e evidências clínicas em humanos. Biomedicina e patologia do envelhecimento. 1:1-3

70. DELATTRE J, BEAUDEUX JL, BONNEFONT-ROUSSELOT D (2005) Radicaux libres et stress oxydant. Aspects biologiques et pathologiques. Cachan: Lavoisier.

71. DEMIGNÉ C, BLOCH-FAURE M, PICARD N, SABBOH H, BESSON C, RÉMÉSY C, GEOFFROY V, GASTON AT, NICOLETTI A, HAGÈGE A, MÉNARD J, MENETON P (2006). Ratos alimentados cronicamente com uma dieta experimental ocidentalizada como modelo de obesidade, síndrome metabólica e osteoporose. Eur J Nutr. 45: 298-306.

72. DEMOZ A, WILLUMSEN N, BERGE R.K (1992) O ácido eicosapentaenóide em dose hipotrigliceridémica aumenta a defesa antioxidante hepática em ratos. Lipids. 27:968-972.

73. DENKE MA (2001). Ligações entre obesidade e dislipidemia. Curr Opin Lipidol. 12, 625-628.

74. DESPRES JP, LEMIEUX I (2006) Abdominal obesity and metabolic syndrome. Nature. 444:881-7.

75. DIDIER A, POSTIGO MA, MAILHOL C (2009) Asthma and obesity. Revue française d'allergologie. 49: 13-15.

76. DIETZE D, KOENEN M, RÖHRIG K, HORIKOSHI H, HAUNER H, ECKEL J (2002) Impairment of insulin signaling in human skeletal muscle cells by co-culture with human adipocytes. Diabetes. 51: 2369-2376.

77. DIETZE-SCHROEDER D, SELL H, UHLIG M, KOENEN M, ECKEL J (2005) Autocrine action of adiponectin on human fat cells prevents the release of insulin resistance-inducing factors. Diabetes. 54: 2003-2011.

78. DIXON JB (2010) The effect of obesity on health outcomes. Molecular and Cellular Endocrinology. 316(2):104-108.

79. DUPLUS E, GLORIAN M, TORDJMAN J, BERGE R, FOREST C (2002) Evidence for selective induction of phosphoenolpyruvate carboxykinase gene expression by unsaturated and nonmetabolized fatty acids in adipocytes. J Cell Biochem. 85:651-61.

80. DURAND G, GUESNET P, CHALON S, ALESSANDRI JM, RIZKALLA S, LEBRANCHU Y (2002) Importância nutricional dos ácidos gordos polinsaturados. In: Roberfroid M, Ed. Aliments Fonctionnels. Paris: Editions Tec & Doc-Lavoisier. 193-219.

81. DRAPER H, HADLEY M (1990) Methods Enzymol.186:421 -431.

82. DRENOWSKI A (1994). Human preference for sugar and fat. In: Fernstrom JD, Miller GD. Appetite and body weight regulation: sugar, fat and macronutrient substitutes (Regulação do apetite e do peso corporal: açúcar, gordura e substitutos de macronutrientes). Boca Raton, Florida (EUA), CRC Press. 137-147.

83. DREON DM, FERNSTROM HA, CAMPOS H, BL ANCHE P, WILLIAMS PT, KRAUSS RM (1998) Change in dietary saturated f a t intake is correlated with change in ma ss of large low-density-lipoprotein particles in me n. Am. J. Clin. Nutr. 67 :828-836.

84. ECKEL RH, YOST TJ, JENSEN DR (1995) A redução sustentada do peso em mulheres moderadamente obesas resulta numa diminuição da atividade da lipoproteína lipase do músculo esquelético. Eur J Clin Invest. 25: 396-402.

85. ELLMAN G L (1959) Tissue sulfhydryl groups. Arch. Biochem. Biophys. 82 :70-7.

86. ESTERBAUER H (1995) The chemistry of oxidation of lipoproteins. In: Rice-Evans C, Bruckdorfer KR (eds) oxidative stress. Lipoproteins and cardiovascular dysfunction.55- 79.

87. ESTERBAUER H, STREGL G, PUHL H, ROTHENEDER M (1989) Oxidação in vitro das lipoproteínas plasmáticas. Monitorização contínua da oxidação in vitro da lipoproteína humana de baixa densidade. Free. Radic. Biologia. Medical. 6: 67 - 75
88. ESTEVE M, RAFECAS I, FERNANDEZ-LOPEZ JA, REMESAR X, ALEMANY M (1994) Effect of a Cafeteria Diet on Energy Intake and Balance in Wistar Rats. Physiology & Behavior. 56: 65-71.
89. FAILOR R A, CHILDS M T, BIERMAN E (1988) The effects of n-3 and n-6 fatty acid enriched diets on plasma lipoprotein and apoproteins in familial combined hyperlipidemia. Metabolism. 37: 1021-1027.
90. FASHING P, RATHEISER , WALDHAUSL, W, ROHAC M, OSTERRODE W, NOWOTNEY P, VIERHAPPER H (1991) Metabolic effect of fish oil supplementation in patients with impared glucose tolerance. Diabetes. 40:583-589.
91. FERRANNINI E et al (1983) Effect of fatty acids on glucose production and utilization in man. J Clin Invest. 72 (5):1737-47.
92. FERREIRA LD, PULAWA LK, JENSEN DR, ECKEL RH (2001) A expressão excessiva da lipoproteína lipase humana no músculo esquelético do rato está associada à resistência à insulina. Diabetes. 50 : 1064-1068.
93. FERNANDEZ ML, SUN DM, MONTANO C, MCNAMARA DJ (1995) Carbohydrate-fat exchange and regulation of hepatic cholesterol and plasma lipoprotein metabolism in the guinea pig. Metabolism. 44: 855-864.
94. FERNANDEZ ML, VERGARA-JIMENEZ M, CONDE K, ABDEL-FATTAH G (1996) O tipo de hidratos de carbono e a quantidade de gordura da dieta alteram o metabolismo das VLDL e LDL em cobaias. J. Nutr. 126: 2494-2504.
95. FICKOVA M, HUBERT P, CREMEL G, LERAY C (1998) Os ácidos gordos poli-insaturados diários (n-3) e (n-6) modificam rapidamente a composição dos ácidos gordos e os efeitos da insulina nos adipócitos de ratos. J.Nutr.128:512-519
96. FLACHS P, ROSSMEISL M, BRYHN M, KOPECKY J (2009*)* Cellularand molecular effects of n-3 polyunsaturated fatty acids on adipose tissue biology and metabolism. Clin Sci (Lond) 116:1-16.
97. FOLCH J, LEES M, SLOANE- STANLEY GH (1957) A simple method for isolation and purification of total lipids from animal tissues. J Biol Chem. 226 (1): 497-509.
98. FRANCIS DK, VANDEN BROECK J, YOUNGER N (2009). Consumo de fast food e de bebidas açucaradas: associação com excesso de peso e perímetro abdominal elevado em adolescentes. Public Health Nutr. 12 (8) :1106-1114.
99. FREEDMAN DS, SERDULA MK, SRINIVASAN SR, BERENSON GS (1999) Relation of circumferences and skinfold thicknesses to lipid and insulin concentrations in children and adolescents: the Bogalusa Heart Study. Am J Clin Nutr. 69(2):308-17.
100.FULOP T, LARBI A,WITKOWSKI JM, MCELHANEY J, LOEB M, MITNITSKIET A, PAWELEC G (2010) Aging, frailty and age-related diseases. Biogerontology. 11(5):547-563.
101.FUMERON F, BRIGHAN L , OLLIVER V, DE PROST D, DRISS F, DARCET P, BARD J M, PARRA HJ, FRUCHART J.C, APFELBAUM M (1991) n-3 polyunsatured fatty acids raise low-density lipoproteins, high density lipoprotein 2, and plasminogenactivator inhibitor in healthy young men. Am.J.Clin.Nutr.54:118-122.
102.FURUKAWA S, FUJITA T, SHIMABUKURO M, IWAKI M, YAMADA Y, NAKAJIMA Y,NAKAYAMA O, MAKISHIMA M, MATSUDA M, SHIMOMURA I (2004) Aumento do stress oxidativo na obesidade e seu impacto na síndrome metabólica. J. Clin.

Invest. 114(12): 1752-1761.
103.GARCIA-DIAZ D, CAMPION J, MILAGRO F I, MARTINEZ J A (2007) Adiposity dependent apelin gene expression: relationships with oxidative and inflammation markers. Mol. Cell. Biochem. **27:** 432-444.
104.GASTALDELLI A, BALDI S, PETTITI M, TOSCHI E, CAMASTRA S, NATALI A, LANDAU BR, FERRANNINI E (2000) Influence of obesity and type 2 diabetes on gluconeogenesis and glucose output in humans: a quantitative study. Diabetes. 49(8):1367-73.
105.GAUVREAU D, VILLENEUVE N, DESHAIES Y, CIANFLONE K (2011) Novel adipokines: Links between obesity and atherosclerosis. Annales d'Endocrinologie.72 :224-231.
106.GELARDI N, LCHAC J, OH W (1990) Glucose metabolism in adipocytes of obese offspring of mild hyperglycemic clamp technique. Pediatr. Res.30: 40-44.
107.GESTA S, TSENG YH, KAHN CR (2007) Developmental origin of fat: tracking obesity to its source. Cell. 131:242-256.
108.GHISELLI A, SERAFINI M, NATELLA F, SCACCINI C (2000) Capacidade antioxidante total como instrumento de avaliação do estado redox: visão crítica e dados experimentais. Radi Livre. Biol.Med.29:1106-1114.
109.GIBSON RA, MUHLHAUSLER B, MAKRIDES M (2011) Conversão do ácido linoleico e do ácido alfa-linolénico em ácidos gordos polinsaturados de cadeia longa (LCPUFAs), com enfoque na gravidez, lactação e primeiros 2 anos de vida. Maternal & Child Nutrition. 7(2):17-26.
110.GOLAY A, SWISLOCKI AL, CHEN YD, REAVEN GM (1987) Relationships between plasma-free fatty acid concentration, endogenous glucose production, and fasting hyperglycemia in normal and non-insulin-dependent diabetic individuals. Metabolism. 36(7):692-6.
111.GOLDBERG, 1996 GOLDBERG IJ (1996) Lipoprotein lipase and lipolysis: central roles in lipoprotein metabolism and atherogenesis. J Lipid Res. 37: 693-707.
112.GOTTO AMJ (1998) Triglicéridos: O fator de risco esquecido. Circulation. 97: 10271028.
113.GOURANTON E, LANDRIER JF (2007) Les facteurs modulant l'expression des adipokines en relation avec l'insulinorésistance associée à l'obésité. Obes. 2: 272-279.
114.GREGOIRE FM, SMAS CM, SUL HS (1998) Understanding adipocyte differentiation. Physiol Rev. 78: 783-809.
115.GRIMSRUD PA, PICKLO MJ, GRIFFIN TJ, BERNLOHR DA (2007). Carbonilação de proteínas adiposas na obesidade e resistência à insulina: identificação da proteína de ligação aos ácidos gordos adiposos como alvo celular do 4-hidroxinonenal. Mol Cell Proteomics. 6: 624637.
116.GROOP LC, SALORANTA C, SHANK M, BONADONNA RC, FERRANNINI E, DEFRONZO RA (1991) The role of free fatty acid metabolism in the pathogenesis of insulin resistance in obesity and noninsulin-dependent diabetes mellitus. J Clin Endocrinol Metab. 72(1):96-107.
117.GROUBET R, PALLET V, DELAGE B, REDONNET A, HIGUERET P, CASSAND P (2003) As dietas hiperlipídicas induzem alterações precoces da via de sinalização da vitamina A na mucosa do cólon do rato. Endocrine regulations. 37: 137-144.
118.GRUNDY SM (2006) Diagnosis and management of the metabolic syndrome: an American Heart Association/National Heart, Lung, and Blood Institute scientific statement

(Diagnóstico e gestão da síndrome metabólica: uma declaração científica da American Heart Association/National Heart, Lung, and Blood Institute). Curr Opin Cardiol. 21 (1): 1-6.
119.HALLIWELL B, GUTTERIDGE JMC (1989) Free radicals in biology and medicine. 2ª ed., Oxford, Reino Unido: Clarendon. Oxford, Reino Unido: Clarendon.
120.HARIRI N, GOUGEON R, THIBAULT L (2010) Uma dieta rica em gorduras saturadas é mais obesogénica do que as dietas com menor teor de gorduras saturadas. Nutrition Research. 30: 632-643.
121.HARMAN D (1956) Aging: a theory based on free radical and radiation chemistry. J Gerontol .11 :298-300.
122.HARRIS E.D (1992) Regulation of antioxidant enzymes (Regulação das enzimas antioxidantes). Fasebj. 6:2675-2683.
123.HARRIS WS (1989) Fish oils and plasma lipid and lipoprotein metabolism in humans: a critical review. J Lipid Res. 30: 785-807.
124.HARRIS WS (1990) Efeito dos ácidos gordos ómega 3 no metabolismo lipídico. Cur.Op.Lipid. 1:5-11
125.HARRIS WS, CONNOR WE, ALAM N, ILLINGWORTH DR (1988) Reduction of postprandial triglyceridemia in humans by dietary n-3 fatty acids.J.lipid.Res.29:1451- 1457.
126.HAUG A, HOSTMARK A T (1987) Lipoprotein lipases, lipoproteins and tissue lipids in rats fed fish oil or coconut oil. J.Nutr.117:1011-1016.
127.HAUSMAN DB, DI GIROLAMO M, BARTNESS TJ, HAUSMAN GJ, MARTIN RJ (2001) The biology of white adipocyte proliferation. Obes. Rev. 2 : 239-254.
128.HIGDON JV, FREI B (2003) Obesity and oxidative stress: a direct link to CVD. Arteriosclr. Thromb. Vasc. Biol. 23: 365-367.
129.HIRSCH J, BATCHELOR B (1976) Adipose tissue cellularity in human obesity (Celularidade do tecido adiposo na obesidade humana). Clin Endocrinol Metab 5: 299-311.
130.HOLGREM A (2003) Redox regulation of genes and cell function. In: Critical review of oxidative stress and aging. RG Cutler e H Rodriguez Eds.World Scientific.2:102- 111.
131.HOLLIDAY R (2006) Aging is no longer an unsolved problem in biology. Ann NY Acad Sci. 1067: 1-9.
132.HOORROCKS LA, YEO YA (1999) Health benefits of docosahexaenoic acid (DHA). Pharmacol. Res. 40:211-225.
133.HOURIGAN R (2010) Cellular Energy Metabolism and Oxidative Stress. Livro de texto sobre o envelhecimento da pele. Springer-Verlag Berlin Heidelberg. 30: 313-320.
134.HUSSEIN O, GOSOVSKI M, LASRI E, SVALB S, RAVID U, ASSY N (2007) World J Gastroenterol.13:361-368.
135.IRITANI N, KOMIYA M, FUKUDA H, SUGIMOTO T (1998) Lipogenic enzyme gene expression is quickly suppressed in rats by a small amount of exogenous polyunsaturated fatty acids. J Nutr. 128: 967-72.
136.JAESCHKE H (1995) Mechanism of oxidant stress-induced acute tissue injury. Proc. Soc. Exp. Biol.Med. 209:104-111.
137.JAMES WPT (2008) The epidemiology of obesity: the size of the problem. Jornal de Medicina Interna. 263(4): 336-352.
138.JAYAKUMAR T, THOMAS PA, GERALDINE P (2007) Efeito protetor de um extrato do pleuroto, Pleurotus ostreatus, nos antioxidantes dos principais órgãos de ratos idosos. Exp. Gerontol. 42: 183-191.
139.JOCKEN W E, LANGIN D, SMIT E, SARIS W M, VALLE C, HUL G B, HOLM C,

ARNER P, BLAAK E E (2007) Adipose triglyceride lipase and hormone-sensitive lipase protein expression is decreased in the obese insulin-resistant state. J. Clin. Endocrinol. Metab. **92**:2292-2299

140.JOLLY CA, JIANG YH, CHAPKIN R.S, MURAY DN (1997) Os ácidos gordos poli-insaturados (n-3) da dieta suprimem a linfoproliferação murina, a secreção de Interleucina-2 e a formação de diacilglicerol e ceramida.J.Nutr.127:37-43.

141.JONES BH, MAHER MA, BANZ WJ, ZEMEL MB, WHELAN J, SMITH PJ, MOUSTAID N (1996) Adipose tissue stearoyl-CoA desaturase mRNA is increased by obesity and decreased by polyunsaturated fatty acids. AJP- Endo. 271(1):44-49.

142.JUCKER B M, CLINE G W, BARUCCI M, SHULMAN G I (1999) differential effect of sunflower oil versus fish oil feeding on insulin-stimulated glycogen synthesis, glycolysis, and pyrovate dehydrogenase flux in skeletal muscle. Diabetes. 48:134-140.

143.JUNIEN C, GALLOU-KABANI C, VIGE A, GROSS MS (2005) Nutritional epigenomics of metabolic syndrome. Med/Sci. 21: 384-390.

144.KABBAJ O, YOON SR, HOLM C, ROSE J, VITALE ML, PELLETIER MR (2003) Biol Reprod. 68: 722-734.

145.KAITHWAS G, MAJUMDAR DK (2010) Efeito terapêutico do óleo fixo *de Linum usitatissimum* (linhaça) em modelos de artrite aguda e crónica em ratos albinos. Inflammopharmacol 18:127-136.

146.KATHER H (1981) hormonal regulation of adipose tissue lipolysis in man: Implications for the pathogenesis of obesity.Triangle.20:131-143.

147.KELISHADI R, SHARIFI M, KHOSRAVI A, ADELI K (2007) Relationship between C-reactive protein and atherosclerotic risk factors and oxidative stress markers. Clin. Chem. 53: 456 - 464.

148.KELLE L, DIDIER G, LEANNE F (2009) Diet composition and obesity in adult Canadians. Relatórios de saúde. 20 : 1-4.

149.KELLEY DS, BRANCH LB, LOVE JF (1991) Dietary ALA and immunocompetence humans. American Journal of Clinical Nutrition. 53: 40-46.

150.KEMALI Z (2003) L'obésité au Maghreb. Santé Maghreb. dezembro P1.

151.KESAVULU M, KAMESWARARAO B, APPARAO CH, KUMAR EG (2002) Effects of omega-3 fatty acids on lipid peroxidation and antioxidant enzyme status in type 2 diabetic and obese patients. Diabetes Metab. 28: 20-26.

152.KHAN NA, HICHAMI A (2002) Role of n-3 polyunsatured fatty acids in the modulation of T-cell signaling. In: Panadlai G (ed). Recent Research development in lipids. 6:65-78.

153.KIESS W, PITZOLD S, TOPFER M, GARTEN A, BLUHER S, KAPELLEN T, KORNER A (2008) Adipocytes and adipose tissue. Best Practice & Research Clinical Endocrinology & Metabolism. 22(1):135-153

154.KIM JK, GAVRILOVA O, CHEN Y, REITMAN ML, SHULMAN GI (2000) Mechanism of insulin resistance in A-ZIP/F-1 fatless mice. J Biol Chem. 275: 8456-60.

155.KISSEBAH AH, PEIRIS A N (1989) Biology of regional body fat distribution: relationship to non-insulin-dependent diabetes mellitus. Diabetes Metab Rev. 5(2):83- 109. Revisão.

156.KOPELMAN PG (2000) Obesity as a medical problem. Nature 404: 635-643.

157.KREGEL KC, ZHANG HJ (2007) An integrated view of oxidative stress in aging: basic mechanisms, functional effects, and pathological considerations. Am J Physiol Regul Integr Comp Physiol. 292: 18-36.

158.KUMARAN VS, ARULMATHI K, KALAISELVI P (2009) Desequilíbrio redox mediado pela senescência no tecido cardíaco: potencial rejuvenescedor antioxidante do extrato de chá verde. Nutrição, 25: 847-854.
159.LACROIX M, GAUDICHON C, MARTIN A, MORENS C, MATHE V, TOME D, HUNEAU JF (2004) Uma dieta rica em proteínas a longo prazo reduz marcadamente o tecido adiposo sem efeitos secundários importantes em ratos machos Wistar. Am J Physiol Regul Integr Comp Physiol. 287(4):934- 42.
160.LANGIN D (2000) Millennium fat-cell lipolysis reveals unsuspected novel tracks. Horm. Metab. Res. 11:443-452.
161.LANGIN DL (2005) Adipocyte lipases and defect of lipolysis in human obesity.Diabetes. 11: 3190-3197.
162.LANE N (2003) Oxygen, the molecule that made the world. Nova Iorque: Oxford University Press. 366 .
163.LARGE V (1998) Hormone-sensitive lipase expression and activity in relation to lipolysis in human fat cells. J Lipid Res. 25: 1688-1695.
164.LAVECCHIA C (2004) Mediterranean Diet and cancer. Public Health Nutr. 7:965968.
165.LE GOFF S, LEDEE N, BADER G (2008) Obesity and reproduction: A literature review. Obesidade e reprodução: uma revisão da literatura. Gynaecology Obstetrics & Fertility. 36:543-550.
166.LECERF JM (2008) Obesidade nutricional. Obésité. 3(3):97-98.
167.LEE KW, LEE HJ e LEE CY (2002). Atividade antioxidante do chá preto vs. chá verde. J Nutr .132 :785-786.
168.LEVINE RL, GARLAND D, OLIVER CN, AMICI A, CLIMENT I, LENZ AG, AHN BW, SHANTIEL S, STADTMAN ER (1990) Determination of carbonyl content in oxidatively modified proteins. Methods Enzymol.186:464-478.
169.LEVINE ET KIDD LEVINE RL, GARLEND D, OLIVIER CN, AMICI A, LENZ AG, SHANTIRL S, STADAN ER (1996) Determinação do teor de carbonilo em proteínas modificadas por oxidação. Methods Enzymol.186: 464-478.
170.LI Y, HOU M.J, MA J, TANG Z H, ZHU HL, LING WH (2005) Os ácidos gordos da dieta regulam a indução de colesterol na expressão hepática de CYP7alphal e na produção de ácidos biliares. Lipids (50):455-462.
171.LIADO I, PROENZA AM, SERRA F, PALOU A, PONS A (1991) Dietary-induced permanent changes in brown and white adipose tissue composition in rats. Int J Obesity. 15: 415-419.
172.LICHTENSTEIN AH, KENNEDY E, BARRIER P (1998) Dietary fatty consumption and health. Nutr Rev. 56: 3-19.
173.LISSNER L, HEITMANN BL (1995) Dietary fat and obesity: evidence from epidemilogy. Revista Europeia de Nutrição Clínica. 49 : 79-90.
174.LONDOÑO-VALLEJO JA (2009) Um centenário Nobel celebra os telómeros e a telomerase. Med Sci (Paris).25:973-6
175.LOPEZ IP, MARTI A, MILAGRO FI (2003) Análise de microarray de DNA de genes diferencialmente expressos em ratos obesos induzidos por dieta (cafeteria). Obes Res.11:188-194.
176.LORENTE-CEBRIÁN S, COSTA AG, NAVAS-CARRETERO S, ZABALA M, MARTÍNEZ JA, MORENO-ALIAGA MJ (2013) Role of omega-3 fatty acids in obesity, metabolic syndrome, and cardiovascular diseases: a review of the evidence. J Physiol

Biochem. 69(3):633-51
177.LOUGHEED M, STEINBRECHER UP (1996) O mecanismo de absorção de lipoproteínas de baixa densidade oxidadas com cobre nos macrófagos depende do seu grau de oxidação. J Biol Chem. 271(20): 805-11798.
178.LOUIS-SYLVESTRE J (1984) Mécanisme de l'induction de l'hyperphagie et de l'obésité par le regime cafeteria. Cahier de nutrition et de diététique. 4: 197-204.
179.LOVEJOY JC (2002) "The influence of dietary fat on insulin resistance." Curr Diab Rep 2(5): 400-435.
180.LOWRY OH, ROSENBROUGH NJ, FARR AL, RANDALI RI (1951) Medição de proteínas com o reagente de folina-fenol. J Biol Chem. 193: 265-275.
181.MAGKOS F, MOHAMMED BS, MITTENDORFER B (2009) Plasma Lipid Transfer Enzymes in Non-Diabetic Lean and Obese Men and Women. Lipids. 44(5):459-464.
182.MAIESE K, CHONG Z Z., et al (2007) "Mechanistic insights into diabetes mellitus and oxidative stress". Curr Med Chem 14(16): 1729-38.
183.MAKNI M, FETOUI H, GARGOURI N K, GAROUI EL M, JABER H, MAKNI J, BOUDAWARA T, ZEGHAL N (2008) Efeitos hipolipidémicos e hepatoprotectores da mistura de sementes de linho e abóbora ricas em ácidos gordos n-3 e n-6 em ratos hipercolesterolémicos. Food and Chemical Toxicology 46:3714-3720
184.MASEK J, FABRY P (1959) High-fat diet and the development of obesity in albino rats.Experientia. 15: 444-445.
185.MATHE D, SEROUGNE C, FEREZOU J, LECUYER B (1991) Ann Nutr Metab 35, 165-173.
186.MAZZA G, OOMMAH B D (2000) Functional foods, Biochemical and Processing Aspects. Technomic. Publ. Co Inc, Lancaster.
187.MAZZUCOTELLI A, LANGIN D (2006) La mobilisation des acides gras et leur utilisation dans le tissu adipeux : une nouvelle donne. Journal de la Société de Biologie. 200 (1) 83-91.
188.MCGARRY JD (2002) dysregulation of fatty acid metabolismin the etiology of type 2 diabetes. Diabetes.51:7-18.
189.MERZOUK H, KHAN N A (2003) Implicação dos lípidos na macrossomia da gravidez diabética: podem os ácidos gordos polinsaturados n-3 exercer um efeito benéfico. Clin.Sci.105:519- 529.
190.MERZOUK H, MADANI S, BOUALGA A, PROST J, BOUCHENAK M, BELEVILLE J (2001) Age-related changes in cholesterol metabolism in macrosomic offspring of rats with streptozotocin-induced diabetes. J Lipid Res.42:1152-1159.
191.MERZOUK S, HICHAMI A, MADANI S, MERZOUK H, YAHIA BERROUIGUET A, PROST J, MONTAIRO K, CHABANE SARI N, KHAN NA (2003) Antioxidant status levels of different vitamins determined by high performance liquid chromatography in diabetic subjects with complications. Gen Physiol Biophys. 22: 1557.
192.MERZOUK S, HICHAMI A, SARI S, MADANI S, MERZOUK H, YAHIA BERROUIGUET A,LENOIR-ROUSSEAUX J, CHABANE SARI N, KHAN NA (2004) Impaired oxidant/Antioxidant status and LDL-Fatty Acid Composition are associated with increased susceptibility to peroxidation of LDL in diabetic patients.Gen. Physiol. Biophys. 23: 387-399.
193.MICHALIK, DESVERGNE B, WAHLI W (2000) Les bases moléculaires de l'obésité : vers de nouvelles cibles thérapeutiques. Med/Sci. 16: 1030-1039.

194.MICHEL F, BONNEFONT-ROUSSELOT D, MAS E, DRAI J, THEROND P (2008) Biomarcadores da peroxidação lipídica: abordagens analíticas. Ann Biol clin. 66(6): 605-20.
195.MILARGO FI, CAMPION J, MARTINEZ JA (2006) O aumento de peso induzido por uma alimentação rica em gordura envolve um aumento do stress oxidativo hepático. Obesity. 14: 1118-1123.
196.MILES E.A, CALDER P.C (1998) Modulation of immune function by dietary fatty acids.Proc.Nut.Soc.57:277-292.
197.MIRET S, SAIZ MP, MITJAVILA MT (2003) Br J Nutr 89 : 11-18.
198.MIYOSHI H, SOUZA SC, ZHANG HH, STRISSEL KJ, CHRISTOFFOLETTE MA, KOVSAN J, RUDISH A (2006) A perilipina promove a lipólise dos adipócitos mediada pela lipase sensível às hormonas através de mecanismos dependentes e independentes da fosforilação. J Biol Chem. 281 : 15837-44.
199.MOORE K, ROBERTS II LJ (1998) Measurement of lipid peroxidation (Medição da peroxidação lipídica). *Free Rad Res.*28 : 659-71
200.NESTEL PJ, WONG S, TOPPING DL (1986) Dietary long chain polyenoic fatty acids: Suppression of triglyceride formation in rat liver. Acad.press.211-218.
201.NESTELET PJ, CONNOR WE, REARDON ME, CONNOR S, WONG S, BOSTON R (1984) Supressão por dietas ricas em óleo de peixe da produção de lipoproteínas de muito baixa densidade no homem.J.Clin.Invest.74:82-89.
202.NORDOY et al (2001) n-3 polyunsaturated fatty acids and cardiovascular diseases. Lipids. 36: 127-9.
203.NOUROOZ-ZADEH J, TAJADDINI-SARMADI J, LINKLE, WOLFF SP (1996) Low density lipoprotein is the major carrier of lipid hydroperoxides in plasma. Biochem J. 313: 781-786.
204.OAKES N.D, COONEY G.I, CAMILLERI S (1997) Mechanisms of liver and muscle insulin resistance induced by chronic high-fat feeding. Diabetes.46: 1768-1774.
205.OLUSI SO (2002) obesity is an independent risk fator for plasma lipid peroxidation and depletion of erythrocyte cytoprotectic enzymes in human. Int J Obes relat metab Disord.26 (29):1159-1164.
206.ONG JM, KERN PA (1989) Effect of feeding and obesity on lipoprotein lipase activity, immunoreactive protein, and messenger RNA levels in human adipose tissue. J Clin Invest. 84: 305-311.
207.OOMAH BD (2001) Flaxseed as a functional food source. Journal of the Science of Food and Agriculture. 81: 889-894.
208.OWUOR ED , KONG AN (2002) vias de transdução de sinal reguladas por antioxidantes e oxidantes. Biochem. Pharmacol. 64:756-770.
209.PAN A, YU D, DEMARK-WAHNEFRIED W, FRANCO OH, LIN X (2009) Meta-análise dos efeitos das intervenções com sementes de linhaça nos lípidos sanguíneos. Am J Clin Nutr. 90: 28897.
210.PASQUET P, FRELUT ML, SIMMEN B, HLADIK CM, MONNEUSE MO (2007) Perceção do gosto em adolescentes obesos e não obesos. Int J Pediatr Obes. 2(4):242-8.
211.PENICAUD L, COUSIN B, LELOUP C, LORSIGNOL A, CASTEILLA L (2000) The autonomic nervous system, adipose tissue plasticity and energy balance, Nutrition. 16 : 903-908.
212.PERRIN D (2003) Caracterização do balanço energético e do seu controlo monaminérgico central e periférico num modelo de rato que não desenvolve obesidade, o rato

LOU/C. Tese de doutoramento, Université CLAUDE BERNARD LYON1.
213.PERTICONE F, CERAVOLO R, CANDIGLIOTA M, VENTURA G, IACOPINO S, SINOPOLI F, MATTIOLI PL (2001) Obesidade e distribuição da gordura corporal induzem disfunção endotelial por stress oxidativo: efeito protetor da vitamina C. Diabetes. 50 (1):159-165.
214.PETIT V, ARNOULD L, MARTIN P, MONNOT MC, PINEAU T, BESNARD P, NIOT I (2007) Chronic high-fat diet affects intestinal fat absorption and postprandial triglyceride levels in the rate. J Lipid Res. 48: 278-287.
215.POUBELLE P, CHAINTREUIL J, BENSADOUN J, BLOTMAN F, SIMON L, CRASTES DE PAULET A (1982) Plasma lipoperoxides and aging. *Biomedicina* .36 : 164-7.
216.POUDYAL H, PANCHAL SK, DIWAN V, BROWN L (2011) Omega-3 fatty acids and metabolic syndrome: effects and emerging mechanisms of action. Prog Lipid Res 50:372-87.
217.POUDYAL H, PANCHAL SK, WARD LC, BROWN L (2013) Efeitos do ALA, EPA e DHA na síndrome metabólica induzida por uma dieta rica em hidratos de carbono e gorduras em ratos. J Nutr Biochem. 24(6):1041-52.
218.POULIOT MC et al (1992) Obesidade visceral nos homens. Associações com tolerância à glucose, insulina plasmática e níveis de lipoproteínas. Diabetes 41, 826-834 .
219.RAJASEKARAN NS, DEVARAJ H, DEVARAJ SN (2002) The effect of glutathione monoester (GME) on glutathione (GSH) depleted rat liver. J. Nutr. Biochem. 13: 302306.
220.RATTAN SI (2008) O aumento dos danos moleculares e a heterogeneidade como base do envelhecimento. Biol Chem. 389: 267-72.
221.REAVEN G (2005) All obese individuals are not created equal: insulin resistance is the major determinant of cardiovascular disease in overweight/obese individuals. Diab Vasc Dis Res **2**(3): 105-12.
222.ROBERT H, WANG H (2009) Lipoproteína lipase: do gene à obesidade. Am J Physiol Endocrinol Metab. 10 : 1152.
223.ROBINSON LE, BUCHHOLZ AC, MAZURAK VC (2007) Inflammation, obesity, and fatty acid metabolism: influence of n-3 polyunsaturated fatty acids on factors contributing to metabolic syndrome. Appl Physiol Nutr. Metab. 32:1008-24.
224.ROE JH, KUETHER CA (1943) Determinação do ácido ascórbico no sangue total e na urina através dos derivados de 2, 4- dinitrofenil-hidrazina do ácido desidroascórbico. J Biol Chem.14:399-407.
225.ROMANO A D, SERVIDDIO G, et al (2010) "Oxidative stress and aging." J Nephrol 23 Suppl 15: S29-36.
226.ROMERO AL, FERNANDEZ ML (1996) A quantidade de gordura e o tipo de hidratos de carbono da dieta regulam a atividade da acil CoA: colesterol aciltransferase (ACAT) hepática. Possíveis relações entre a atividade da ACAT e os níveis de colesterol plasmático. Nutr. Res. 16 : 937-948.
227.ROSEN ED, MACDOUGALD OA (2006) Adipocyte differentiation from the inside out. Nat Rev Mol Cell Biol .7: 885-896.
228.RUSTAN AC, HUSTVEDT BE, DREVON CA (1993) A suplementação dietética com ácidos gordos n-3 de cadeia muito longa diminui a utilização de lípidos totais no rato. J Lipid Res. 34: 1299-1309.
229.RUTH MR, TAYLOR CG, ZAHRADKA P, FIELD CJ (2008). Respostas imunitárias anormais em ratos Zucker fa/fa e efeitos da alimentação com ácido linoleico conjugado. Obesity. 16: 1770-1779.

230.SACKS FM, KATAN M (2002) Randomized clinical trials on the effects of dietary fat and carbohydrate on plasma lipoproteins and cardiovascular disease. Am. J. Med. 113: 13S-24S.

231.SADUR CN, YOST TJ, ECKEL RH (1984) Insulin responsiveness of adipose tissue lipoprotein lipase is delayed but preserved in obesity. J Clin Endocrinol Metab. 59: 1176-1182.

232.SAELY CH, GEIGER K, DREXEL H (2012) Brown versus white adipose tissue: a mini-review. Gerontology 58(1):15-23.

233.SAKURAI Y (2000) Duration of obesity and risk of non-insulin-dependent diabetes mellitus. Biomed. Pharmacother 54, 80-84.

234.SALTER AM, MANGIAPANE EH, BENNETT AJ, BRUCE JS, BILLETT MA, ANDERTON KL, MARENAH CB, LAWSON N, WHITE DA (1998) The effect of different dietary fatty acids on lipoprotein metabolism: concentration- dependent effects of diets enriched in oleic, myristic, palmitic and stearic acids. Br. J. Nutr. 79: 195-202.

235.SANDERS TA, ROSHANAI F (1983) The influence of different types of w-3 polyunsaturated fatty acids on blood lipids and platelet function in healthy volunteers.Clin.Sci.64:91-96.

236.SARSILMAZ M, SONGUR A, OZYURT H, KUS I, OZENO A, OZYURT B (2003). Potencial papel dos ácidos gordos essenciais ómega 3 da dieta em alguns parâmetros oxidantes/antioxidantes no corpo estriado de ratos. Prostaglandins leukot. Essent Fatty Acids. 69:253259.

237.SCHAEFER EJ, LEVY RI (1985) Pathogenesis and management of lipoprotein disorders. N Engl J Med.312: 1300-1310.

238.SCHLIENGER JL, LUCA F, PRADIGNAC A (2010) O que há de novo no tratamento da obesidade? O que há de novo no tratamento da obesidade? La Revue de médecine interne. 31:185-187.

239.SCHAEFER EJ, LEVY RI (1985) Pathogenesis and management of lipoprotein disorders. N Engl J Med. 312, 1300-1310.

240.SCHWARTZ RS, BRUNZELL JD (1981) Aumento da atividade da lipoproteína lipase do tecido adiposo com a perda de peso. J Clin Invest. 67: 1425-1430.

241.SCOARIS CR, VASCONCELOS RIZO G, ROLDI LP, FRANZOI DE MORAES SM, GOMES DE PROENC AR, PERALTA RM, MARÇAL NMR (2010). Efeitos da dieta de cafeteria no jejuno de ratos sedentários e treinados fisicamente. Nutrição. 26: 312320.

242.SENTHIL KUMARAN V, ARULMATHI K, SRIVIDHYA R, KALAISELVI P (2008) Repleção do estado antioxidante por EGCG e retardamento de anomalias macromoleculares induzidas por danos oxidativos em ratos idosos. Exp. Gerontol. 43: 176-183.

243.SHAFAT A, MURRAY B, RUMSEY D (2009) Energy density in cafeteria diet induced hyperphagia in the rat. Appetite. 52: 34-38.

244.SHERHAN CN, ARITA M, HONG S, GOTLING K (2004) Resolvinas, docosatrienos e neuroprotectinas, novos mediadores derivados do ómega 3 e os seus epímeros endógenos desencadeados pela aspirina.Lipids.39:1125-1132.

245.SHIROUCHI B, NAGAO K, INOUE N, OHKUBO T, HIBINO H, YANAGITA T (2007) Efeito da fosfatidilcolina ómega 3 da dieta nas perturbações relacionadas com a obesidade em ratos gordos Otsuka Long-Evans Tokushima obesos. J Agric Food Chem. 55:71-76.

246.SHULMAN GI (2000) Cellular mechanisms of insulin resistance (Mecanismos celulares da resistência à insulina). J Clin Invest.106: 171-6.

247.SIES H (1997) Antioxidant in disease mechanisms and therapy, Advences in Pharmacology. Académico. Press. Nova Iorque. 38.

248.SIMOPOULOS AP, ROBINSON J (1998) The Omega plan. Nova Iorque, Harper Collins. 1-55.

249.SINGER P, JAEGER W, BERGER, BARLEBEN H, WIRTH M, RICHTERHEIRICH E, VOIGT S, GODICKE W (1990) Efeitos dos ácidos oleico, linoleico e alfa-linolénico da dieta na pressão sanguínea, nos lípidos séricos, nas lipoproteínas e na formação de precursores eicosanóides em pacientes com hipertensão essencial ligeira. J.Hum.Hypertens.4(3):227-233.

250.SINGH RB, BEEGOM R , RASTOGI SS, GAOLI Z, SHOUMIN Z (1998) Association of low plasma concentrations of antioxidant vitamins, magnesium and zinc with high body fat percent measured by bioelectrical impedance analysis in Indian men. Magnes Res. 11 (1): 3 - 10.

251.SINGH RB, NIAZ M A, BISHNOI I, SHARMA JP, GUPTA S, RASTOGI SS, SINGH R, BEEGOM R, CHIBO H, SHOUMIN Z (1994) Diet, antioxidant vitamins, oxidative stress and risk of coronary artery disease: the Peerzada Prospective Study. *Ata Cardiol.* 49 (5): 453 - 467.

252.SIRIWARDHANA N et al (2013) J. Nutr. Biochem. 24 : 613-623

253.SIRTORI CR. E C. GALLI (2002) "Ácidos gordos N-3 e diabetes". Biomed Pharmacother. 56(8): 397-406.

254.SLOVER H T, LANZA E (1979) Quantitative analysis of food fatty acids by cappilary gas chromatography. J Am Oil Chem Soc. 56: 933-943.

255.SOULIMANE-MOKHTARI N, GUERMOUCHE B, YESSOUFOU A, SAKER M, MOUTAIROU K, HICHAMI A, MERZOUK H, KHAN NA (2005) Modulação do metabolismo lipídico por (N-3) PUFA em ratos diabéticos gestacionais e na sua descendência macrossómica. Clin Sci. 109 : 287-295.

256.SREEKUMAR R, UNNIKRISHNAN J, FU A, NYGREN J, SHORT KR, SCHIMKE J et al (2002) Impact of high-fat diet and antioxidant supplement on mitochondrial functions and gene transcripts in rat muscle. Am. J. Physiol Endocrinol Metab. Metab. 282: 1055-1061.

257.STORLIEN LH, KRAEGEN E W, GHISHOLM DJ, FORD GL, BRUCE DG, PASCOE WS (1987) Fish oil prevents insulin resistance induced by high-fat feeding in rats.Science.237:885-888.

258.STORLIEN LH, HULBERT AJ, et al (1998) "Polyunsaturated fatty acids, membrane function and metabolic diseases such as diabetes and obesity." Curr Opin Clin Nutr Metab Care. 1(6): 559-63

259.STUMVOLL M, MEYER C, MITRAKOU A (1997) Renal glucose production and utilization: new aspects in humans. Diabetologia. 40:749-57.

260.STURM R (2007) Increases in morbid obesity in the USA: 2000-2005 (Aumento da obesidade mórbida nos EUA: 2000-2005). Saúde Pública, 121(7): 492-496.

261.SUBBAIAH P.V, SUBRAMANIAN VS, LIU M (1998) Os ácidos gordos insaturados trans inibem a lecitina: colesterol aciltransferase e alteram a sua especificidade posicional. J. Lipid. Res. 39 (7):1438-1447.

262.SURESH Y, E U, DAS N (2003) "Long-chain polyunsaturated fatty acids and chemically induced diabetes mellitus: effect of omega-6 fatty acids." Nutrition .19(2): 93-114.

263.SZOKE E, SHRAYYEF MZ, MESSING S, WOERLE HJ, VAN HAEFTEN TW, MEYER C, MITRAKOU A, PIMENTA W, GERICH JE (2007) Effect of aging on glucose homeostasis accelerated deterioration of β-cell function in individuals with impaired glucose tolerance. Diabetes Care. 31(3):539-543.

264.TAYLOR F (1985) Flow-trought PH-stat method for lipase activity. Analytical biochemistry.148:149-153.

265.TEIXEIRA PJ, SARDINHA LB, GOING SB, LOHMAN TG (2001) Gordura total e regional e factores de risco séricos para doenças cardiovasculares em crianças e adolescentes magros e obesos. Obes Res. 9(8):432-42.

266.TIETZ NW, ASTLES JR, SHUEY DF (1989) Lipase activity measured in serum by a continuous-monitoring pH-stat technique -an update. Clin chem.35:1688-1693.

267.TILG H, MOSCHEN AR. (2006) Adipocytokines: mediators linking adipose tissue, inflammation and immunity. Nat Rev Immunol. 6: 772-783.

268.TSUKAMOTO Y, OKUBO M, YONEDA T, MARUMO F, NAKAMURA H (1982) Effects of a polyunsaturated fatty acid-rich diet on serum lipids in patients with chronic renal failure.Nephron.31(3):236-241.

269.TZANG BS, YANG SF, FU SG, YANG HC, SUN HL, CHEN YC (2009). Efeitos do óleo de linhaça na dieta sobre o metabolismo do colesterol em hamsters. Food Chemistry. 114: 14501455.

270.UNGER RH (2003) Minireview: weapons of lean body mass destruction: the role of ectopic lipids in the metabolic syndrome. Endocrinology. 144(12):5159-65.

271.UZUN H, KONUKOGLU D, GELISGEN R, ZENGIN K, TASKIN M (2007) Plasma protein carbonyl and thiol stress before and after laparoscopic gastric banding in morbidly obese patients.Obes Surg. 17: 1367-1373.

272.VENKATRAMAN JT, CHANDRASEKAR B, KIM JD, FRNADES G (1994) Effect of n-3 and n-6 fatty acids on the activities and expression on hepatic antioxidant enzymes in autoimmune-prone NZBxNZWFI mice.Lipids.29:561-568.

273.VERGES B (2001) Insulinosensibilidade e lípidos. Diabetes Metab. 27 : 223-227.

274.VIDON C, BOUCHER P, CACHEFO A, PERONI O, DIRAISON F, BEYLOT M (2001) Effects of isoenergetic high-carbohydrate compared with high-fat diets on human cholesterol synthesis and expression of key regulatory genes of cholesterol metabolism. Am. J. Clin. Nutr. 73: 878-884.

275.VIJAIMOHAN K, JAINU M, SABITHA KE, SUBRAMANIYAM S, ANANDHAN C, DEVI CSS (2006) Beneficial effects of alpha linolenic acid rich flaxseed oil on growth performance and hepatic cholesterol metabolism in high fat diet fed rats. Life Sciences. 79: 448-54.

276.VINCENT HK, INNES K E, et al (2007) "Oxidative stress and potential interventions to reduce oxidative stress in overweight and obesity. "Diabetes Obes Metab. 9(6): 81339.

277.VINCENT, HK, TAYLOR AG (2006) Biomarcadores e mecanismos potenciais do stress oxidante induzido pela obesidade nos seres humanos. *Int. J. Obes* (Lond) 30:400-418,.

278.VINER RM, SEGAL TY, LICHTAROWICZ KE, HINDMARSH P (2005) Prevalência da síndrome de resistência à insulina na obesidade. *Dis. Child.* 90: 10-14.

279.WAKIL S J (1989) A sintase dos ácidos gordos: uma enzima multifuncional eficiente. *Biochemistry.* **28:** 4523-4530.

280.WAKIL SJ, ABU-ELHEIGA LA (2009) Fatty acid metabolism: target for metabolic syndrome. *J. lipid. Res.* 1194: 200-215.

281.WANDER RC, SHI-HUA D U (2000) A oxidação das proteínas plasmáticas não aumenta após a toma de suplementos de ácidos eicosapentaenóicos. Am. J.Clin.Nutr. 72 :731-

737.
282.WESLY A (1998) Immunonutrition: The role of n-3 fatty acid. Science (Washington D.C). 14:627-633.
283.WEST DB, YORK B (1998) Dietary fat, genetic predisposition, and obesity: Insights from animal models. Am J Clin Nutr. 67: 505-512.
284.WHITLOCK G, LEWINGTOW S, SHERLIKER P, CLARKE R, EMBERSON J, HALSEY J (2009) Body-mass index and cause- specific mortality in 900000 adults: collaborative analyses of 57 prospective studies. Lancet. 373: 1083-96.
285.WIERNSPERGER NF (2003) "Oxidative stress as a therapeutic target in diabetes: revisiting the controversy." Diabetes Metab. 29(6): 579-85.
286.WONG SH, MARSH SB (1988) Differential effects of eicosapentaenoic and docosahexaenoic acids on triacylglycerol and apolipoprotein B production in HEP G2 Cells. Atherosclerosis. 8:63.
287.WONG S, REARDON M, NESTEL P (1985) Reduced triglyceride formation from long-chain polyenoic fatty acids in rat hepatocytes. Metabolism.34:900-905.
288.WONG, S,H, MARSH JB,(1988) Differential effect of eicosapentaenoiec and docosahexaenoiec acids on triacylglycerol and apolipoprotein B production in HEP G2 cells. Atherosclerosis.8:63.
289.ORGANIZAÇÃO MUNDIAL DA SAÚDE (2010) Conjunto de recomendações sobre a comercialização de alimentos e bebidas não alcoólicas para crianças. Genebra: OMS. http://whqlibdoc.who.int/publications/2010/9789242500219_fre.pdf
290.ORGANIZAÇÃO MUNDIAL DA SAÚDE (1998) Obesity: preventing and managing the global epidemic, in: WHO, Report of a WHO Consultation on Obesity (WHO/NUT/NCD/98.1), Genebra, Suíça.
291.ORGANIZAÇÃO MUNDIAL DA SAÚDE (2000) Obesity: Preventing and Managing the Global Epidemic. Série de Relatórios Técnicos sobre a Obesidade da OMS, 894.
292.XIN W, WEI W, LI XY (2013) Efeitos a curto prazo da suplementação com óleo de peixe na variabilidade da frequência cardíaca em humanos: uma meta-análise de ensaios clínicos aleatórios. Am J Clin Nutr. 97(5):926-35.
293.YAZU K, YAMAMOTO Y, NIKI E, MIKI K, UKEGAWA K (1998) Mecanismos de menor oxidabilidade do eicosapentaenoato do que do linoleato em micelas aquosas. Il. Efeito dos antioxidantes.Lipids.33:597-600.
294.YESSOUFOU A, SOULIMANE N, MERZOUK SA, MOUTAIROU K, AHISSOU H, PROST J, SIMONIN A.M, MERZOUK H, HICHAMI A, KHAN N.A (2006) n-3 fatty acids modulate antioxidant status in rats and their macrosomic offspring. International Journal of obesity.1-12
295.YILMAZ O, OZKAN Y, YILDIRIM M, OZTURK AI, ERSAN Y (2002) Efeitos do ácido alfa-lipóico, do ácido ascórbico-6-palmitato e do óleo de peixe nos níveis de glutatião, malonaldeído e ácidos gordos nos eritrócitos de ratos machos diabéticos.J.Cell.Biochem.86:530-539
296.YOUSSEF H, GROUSSARD C, PINCEMAIL J, MOUSSA E, ZIND M, LEMOINE S, JEAN-OLIVIER D, CILLARD J, DELAMARCHE P, GRATAS-DELAMARCHE A (2009) Stress oxidativo pós-exercício em raparigas adolescentes com excesso de peso: implicação da resistência à insulina basal e exacerbação da inflamação. International Journal of Obesity. 33: 447-455.
297.YU C, CHEN Y, CLINE GW, ZHANG D, ZONG H, WANG Y, BERGERON R, KIM

JK, CUSHMAN SW, COONEY GJ, ATCHESON B, WHITE MF, KRAEGEN EW, SHULMAN GI (2002) Mechanism by which fatty acids inhibit insulin activation of IRS-1 associated phosphatidyl inositol 3-kinase activity in muscle. J Biol Chem. 277:50230-50236.

298.YUAN YV, KITTS D.D (2002) as interações entre a fonte de gordura da dieta e o colesterol alteram os lípidos plasmáticos e a suscetibilidade dos tecidos à oxidação em ratos espontaneamente hipertensos (SHR) e normotensos Wistar Kyoto (wky). Mol.Cell.Biochem.232:33-47

299.ZARROUKI B, SOARES A F et al (2007) "O produto final da peroxidação lipídica 4-HNE induz a expressão de COX-2 através da ativação de p38MAPK em células adiposas 3T3-L1." FEBS Lett. 581(13): 2394-400.

Lotes	Ratos de controlo			Ratos obesos			P (ANOVA)
Parâmetros	**C**	**CL2,5% (%)**	**CL5%**	**CAF**	**CAFL2.5**	**CAF5%.**	
Peso corporal (g)	521.66±5.13[c]	491.43±4.36[d]	443.33±4.27[e]	600.25±5.23[a]	552.71±7.31[b]	515.30±6.22[c]	0,0001
Consumo de ração (g/d/rato)	39.08±1.42[b]	22.53±1.30[c]	21.88±2.54[c]	45.18±2.37[a]	21.48±2.32[c]	21.95±1.77c	0,001
Consumo de energia (Kcal/d/rato)	150,21±6.42[b]	138.33±7.30[c]	122.43±3.30[c]	230.58±7.30[a]	152.43±4.30[c]	151.04±3.30[b]	0,01

Cada valor representa a média ± EP, n=10.C: ratos controle alimentados com a dieta padrão; CAF: ratos obesos alimentados com a dieta de cafeteria; CL2,5%: ratos controle alimentados com a dieta padrão enriquecida com 2,5% de óleo de linhaça; CAFL2,5%: ratos obesos alimentados com a dieta de cafeteria enriquecida com 2,5% de óleo de linhaça; CL5%: ratos controle alimentados com a dieta padrão enriquecida com 5% de óleo de linhaça; CAFL5%: ratos obesos alimentados com a dieta de cafeteria enriquecida com 5% de óleo de linhaça. Após verificação da distribuição normal das variáveis (teste de Shapiro-Wilk), as médias dos seis grupos de ratos foram comparadas através de um teste ANOVA de um fator. Esta análise foi completada pelo teste de Tukey para classificar e comparar as médias em pares. As médias indicadas por letras diferentes (a, b, c) são significativamente diferentes ($p<0,05$).

Lotes	Ratos de controlo			Ratos obesos			P (ANOVA)
Parâmetros	**C**	**CL2,5% (%)**	**CL5%**	**CAF**	**CAFL2.5**	**CAF5%.**	
Glicose (g/l)	1,13±0,15 [d]	1,03±0,07 [d]	1±0,12 [d]	1,90 ±0,10 [a]	1,60±0,09 [c]	1,33 ±0,22[c]	0,01
Ureia (g/l)	0,27±0,06 [b]	0,26±0,03 [b]	0,24±0,04 [b]	0,54±0,09 [a]	0,24±0,02 [b]	0,27±0,02 [b]	0,01
Creatinina (g/l)	13,45±1,77[b]	13,49±2,10[b]	13,56±2,48[b]	21,75±4,17[a]	15,59±3,76[b]	14,79±2,03[b]	0,01

Cada valor representa a média ± EP, n=10.C: ratos controle alimentados com a dieta padrão; CAF: ratos obesos alimentados com a dieta de cafeteria; CL2,5%: ratos controle alimentados com a dieta padrão enriquecida com 2,5% de óleo de linhaça; CAFL2,5%: ratos obesos alimentados com a dieta de cafeteria enriquecida com 2,5% de óleo de linhaça; CL5%: ratos controle alimentados com a dieta padrão enriquecida com 5% de óleo de linhaça; CAFL5%: ratos obesos alimentados com a dieta de cafeteria enriquecida com 5% de óleo de linhaça. Após verificação da distribuição normal das variáveis (teste de Shapiro-Wilk), as médias dos seis grupos de ratos foram comparadas através de um teste ANOVA de um fator. Esta análise foi completada pelo teste de Tukey para classificar e comparar as médias em pares. As médias indicadas por letras diferentes (a, b, c) são significativamente diferentes ($p<0,05$).

Lotes	Ratos de controlo			Ratos obesos			P ANOVA
Parâmetros	**C**	**CL2,5% PARA**	**CL5%**	**CAF**	**CAFL2.5**	**CAF5%.**	
Soro (mg/dl)	169,03±0,06 [b]	162,3±0,05 [b]	155,2±0,02 [b]	200,21±0,12 [a]	174,13 ±0,05 [b]	166,12±0,04[b]	0,01
VLDL (mg/dl)	32,15 ±0,03 [b]	27,2±0,01[c]	25,3±0,03 [c]	49,22±0,02 [a]	43,13±0,01 [c]	27,45±0,01 [c]	0,01
LDL (mg/dl)	51,4±0,02 [b]	37,56±0,03[c]	25,23±0,03 [d]	64,09±0,02 [a]	42,12±0,05 [c]	40,23±0,01 [c]	0,01
HDL (mg/dl)	45,34±0,03[b]	57,02±0,02[a]	61,47±0,02[a]	28,90±0,04[c]	46,23±0,01[b]	50±0,02[b]	0,01

Cada valor representa a média ± EP, n=10.C: ratos controle alimentados com a dieta padrão; CAF: ratos obesos alimentados com a dieta de cafeteria; CL2,5%: ratos controle alimentados com a dieta padrão enriquecida com 2,5% de óleo de linhaça; CAFL2,5%: ratos obesos alimentados com a dieta de cafeteria enriquecida com 2,5% de óleo de linhaça; CL5%: ratos controle alimentados com a dieta padrão enriquecida com 5% de óleo de linhaça; CAFL5%: ratos obesos alimentados com a dieta de cafeteria enriquecida com 5% de óleo de linhaça. Após verificação da distribuição normal das variáveis (teste de Shapiro-Wilk), as médias dos seis grupos de ratos foram comparadas através de um teste ANOVA de um fator. Esta análise foi completada pelo teste de Tukey para classificar e comparar as médias em pares. As médias indicadas por letras diferentes (a, b, c) são significativamente diferentes (p<0,05).

Lotes	**Ratos de controlo**			**Ratos obesos**			
Parâmetros	**C**	**CL2,5% PARA**	**CL5%**	**CAF**	**CAFL2.5**	**CAFL5%**	*P* (ANOVA)
Soro (mg/dl)	138±0,04^{b}	134 ±0,03 ^{c}	125±0,04^{d}	173±0,14 ^{a}	142±0,02 ^{b}	136±0,02 ^{c}	0,005
VLDL (mg/dl)	54±0,02 ^{b}	41±0,03 ^{c}	37±0,04 ^{d}	67±0,04 ^{a}	45±0,02 ^{c}	41±0,01 ^{c}	0,001
LDL (mg/dl)	24±0,05 ^{b}	22±0,05^{b}	20±0,04^{c}	27±0,05^{a}	24±0,04^{b}	23±0,03^{b}	0,01
HDL (mg/dl)	37 ±0,02^{b}	26 ±0,01^{c}	25±0,04^{d}	44±0,03^{a}	34±0,02^{b}	31±0,01^{b}	0,01

Cada valor representa a média ± EP, n=10.C: ratos controle alimentados com a dieta padrão; CAF: ratos obesos alimentados com a dieta de cafeteria; CL2,5%: ratos controle alimentados com a dieta padrão enriquecida com 2,5% de óleo de linhaça; CAFL2,5%: ratos obesos alimentados com a dieta de cafeteria enriquecida com 2,5% de óleo de linhaça; CL5%: ratos controle alimentados com a dieta padrão enriquecida com 5% de óleo de linhaça; CAFL5%: ratos obesos alimentados com a dieta de cafeteria enriquecida com 5% de óleo de linhaça. Após verificação da distribuição normal das variáveis (teste de Shapiro-Wilk), as médias dos seis grupos de ratos foram comparadas através de um teste ANOVA de um fator. Esta análise foi completada pelo teste de Tukey para classificar e comparar as médias em pares. As médias indicadas por letras diferentes (a, b, c) são significativamente diferentes (p<0,05).

Tabela A5. Níveis de proteínas totais (g/l) e lipoproteínas (mg/dl) em ratos de controlo e experimentais.

Lotes	**Ratos de controlo**			**Ratos obesos**			*P* (ANOVA)
Parâmetros	**C**	**CL2,5% (%)**	**CL5%**	**CAF**	**CAFL2.5**	**CAF5%.**	
proteínas total (g/l)	34,36 ±7,52	38,38 ±5,45	34,25 ± 6,33	45,57 ±6,01	44,21 ±5,03	43,27 ±7,23	0,12 1
VLDL (mg/dl)	38±0,03	37±0,15	28±0,08	41±0,08	37±0,09	35±0,08	0,2 1
LDL (mg/dl)	56±0,05 ^{c}	56±0,05 ^{c}	57±0,04 ^{c}	10±0,02 $_{a}$	64±0,01 ^{b}	63±0,01 ^{b}	0,01
HDL (mg/dl)	65±0,04^{b}	60±0,02^{b}	62±0,02^{b}	71±0,04a	64±0,02^{b}	64±0,01^{b}	0,01

Cada valor representa a média ± EP, n=10.C: ratos controle alimentados com a dieta padrão; CAF: ratos obesos alimentados com a dieta de cafeteria; CL2,5%: ratos controle alimentados com a dieta padrão enriquecida com 2,5% de óleo de linhaça; CAFL2,5%: ratos obesos alimentados com a dieta de cafeteria enriquecida com 2,5% de óleo de linhaça; CL5%: ratos controle alimentados com a dieta padrão enriquecida com 5% de óleo de linhaça; CAFL5%: ratos obesos alimentados com a dieta de cafeteria enriquecida com 5% de óleo de linhaça. Após verificação da distribuição normal das variáveis (teste de Shapiro-Wilk), as médias dos seis grupos de ratos foram comparadas através de um teste ANOVA de um fator. Esta análise foi completada pelo teste de Tukey para classificar e comparar as médias em pares. As médias indicadas por letras diferentes (a, b, c) são significativamente diferentes (p<0,05).

Lotes	**Ratos de controlo**			**Ratos obesos**			*P* (ANOVA)
Parâmetros	**C**	**CL2,5% (%)**	**CL5%**	**CAF**	**CAFL2.5**	**CAFL5%**	
Fígado (g)	21.19±1.43^{c}	20.13±1.2^{c}	20.52±1.7^{c}	24.31±1.27^{a}	21.21±1.09^{b}	22.67±1.12^{b}	0,001
Músculo (g)	5,59±0,57 ^{c}	5,36±0,34 ^{c}	5,31±0,27 ^{c}	7,43±0,41 ^{a}	6,37±0,38 ^{b}	6,44±0,27 ^{b}	0,01
Tecido adiposo	7.63±0.57^{d}	7.25±0.11^{d}	5.39±0.88^{e}	19.08±1.90^{a}	14.42±1.39^{b}	10.26±1.6^{c}	0,0001

(g)							

Cada valor representa a média ± SE, n=10.C: ratos controlo alimentados com uma dieta padrão; CAF: ratos obesos alimentados com uma dieta de cafetaria; CL2,5%: ratos controlo alimentados com uma dieta padrão enriquecida com 2,5% de óleo de linhaça; CAFL2,5%: ratos obesos alimentados com uma dieta de cafetaria enriquecida com 2,5% de óleo de linhaça; CL5%: ratos controlo alimentados com uma dieta padrão enriquecida com 5% de óleo de linhaça; CAFL5%: ratos obesos alimentados com uma dieta de cafetaria enriquecida com 5% de óleo de linhaça. Após verificação da distribuição normal das variáveis (teste de Shapiro-Wilk), as médias dos seis grupos de ratos foram comparadas através de um teste ANOVA de um fator. Esta análise foi completada pelo teste de Tukey para classificar e comparar as médias em pares. As médias indicadas por letras diferentes (a, b, c) são significativamente diferentes (p<0,05).

Tabela A7. Teor de lípidos totais (mg/g de tecido) dos órgãos em diferentes lotes de ratos

Lotes	**Ratos de controlo**			**Ratos obesos**			*P ANOVA*
Parâmetros	**C**	**CL2,5% PARA**	**CL5%**	**CAF**	**CAFL2.5**	**CAFL5%**	
Fígado (mg/g)	$103{,}81\pm6{,}2^c$	$99{,}01\pm7{,}10^c$	$76{,}73\pm6{,}50^d$	$193{,}58\pm12{,}86^a$	$145{,}45\pm10^b$	$139{,}41\pm9{,}77^b$	0,01
Músculo (mg/g)	$72{,}33\pm5{,}49^b$	$73{,}96\pm6{,}99^b$	$72{,}91\pm4{,}58^b$	$81{,}83\pm4{,}43^a$	$82{,}83\pm5{,}59^a$	$82{,}5\pm3{,}99^a$	0,01
Tecido adiposo (mg/g)	$236{,}68\pm15^b$	$136{,}71\pm11{,}37^d$	$126{,}31\pm13^d$	$339\pm21{,}21\ ^a$	$218{,}25\pm13^b$	$182\pm14{,}37\ ^c$	0,01
Intestino (mg/g)	84,91±11,14	84,5±8,74	81,41±11,83	87,56 ±11,1	85,66±8,74	83,8±7,9	0,3 15

Cada valor representa a média ± EP, n=10.C: ratos controle alimentados com a dieta padrão; CAF: ratos obesos alimentados com a dieta de cafeteria; CL2,5%: ratos controle alimentados com a dieta padrão enriquecida com 2,5% de óleo de linhaça; CAFL2,5%: ratos obesos alimentados com a dieta de cafeteria enriquecida com 2,5% de óleo de linhaça; CL5%: ratos controle alimentados com a dieta padrão enriquecida com 5% de óleo de linhaça; CAFL5%: ratos obesos alimentados com a dieta de cafeteria enriquecida com 5% de óleo de linhaça. Após verificação da distribuição normal das variáveis (teste de Shapiro-Wilk), as médias dos seis grupos de ratos foram comparadas através de um teste ANOVA de um fator. Esta análise foi completada pelo teste de Tukey para classificar e comparar as médias em pares. As médias indicadas por letras diferentes (a, b, c) são significativamente diferentes (p<0,05).

Tabela A8. Níveis de colesterol total nos órgãos de diferentes lotes de ratos

Lotes	**Ratos de controlo**			**Ratos obesos**			*P* ANO
Parâmetros	**C**	**Cl2,5%**	**CL5%**	**CAF**	**CAFL2.5**	**CAFL5%**	VA
Fígado (mg/g)	$40{,}11\pm2{,}38^b$	$21{,}20\pm1{,}76^d$	$20{,}05\pm1{,}37^d$	$62{,}22\pm0{,}48^a$	$35{,}05\pm2{,}59^c$	$32{,}11\pm1{,}69^c$	0,001
Tecido adiposo (mg/g)	$90{,}22\pm1{,}95^b$	$49{,}19\pm1{,}77\ ^d$	$43{,}05\pm2{,}21^d$	$165{,}33\pm2{,}22^a$	$79{,}67\pm2{,}23\ ^c$	$75{,}3\pm1{,}12\ ^c$	0,001
Músculo (mg/g)	$23{,}14\pm2{,}04^b$	$19{,}87\pm3{,}47^c$	$18{,}54\pm1{,}91^c$	$38{,}67\pm3{,}45^a$	$19{,}7\pm1{,}32^c$	$19{,}03\pm2{,}89^c$	0,01
Intestino (mg/g)	23,12±4,44	24,31±3,97	23,92±5,15	26,21±3,73	24,92±4,30	25,33±3,14	0,02

Cada valor representa a média ± DP, n=10.C: ratos controle alimentados com a dieta padrão; CAF: ratos obesos alimentados com a dieta de cafeteria; CL2,5%: ratos controle alimentados com a dieta padrão enriquecida com 2,5% de óleo de linhaça; CAFL2,5%: ratos obesos alimentados com a dieta de cafeteria enriquecida com 2,5% de óleo de linhaça; CL5%: ratos controle alimentados com a dieta padrão enriquecida com 5% de óleo de linhaça; CAFL5%: ratos obesos alimentados com a dieta de cafeteria enriquecida com 5% de óleo de linhaça. Após verificação da distribuição normal das variáveis (teste de Shapiro-Wilk), as médias dos seis grupos de ratos foram comparadas através de um teste ANOVA de um fator. Esta análise foi completada pelo teste de Tukey para classificar e comparar as médias em pares. As médias indicadas por letras diferentes (a, b, c) são significativamente diferentes (p<0,05).

Quadro A9. Teor de triglicéridos dos órgãos de diferentes lotes de ratos

Lotes Parâmetros	Ratos de controlo			Ratos obesos			*P*
	Controlos (C)	Cl2.5%	CL5%	Testemunhas obesas	CAFL2.5	CAFL5%	ANOVA
Fígado (mg/g)	39,44±1,38^{b}	21,22±1,76^{d}	20,14±1,37^{d}	61,32±1,48^{a}	35,12±1,59^{c}	32,23±1,69^{c}	0,001
Tecido adiposo (mg/g)	9,32±2,95^{b}	50,12±3,77 ^{d}	45,33±3,21^{d}	164,22±5,22^{a}	81,22±5,23 ^{c}	79,23±7,12 ^{c}	0,001
Músculo (mg/g)	23,12±1,04^{b}	19,9±2,47^{c}	18,7±1,91^{c}	35,22±3,45^{a}	18,9±4,32^{c}	18,44±5,89^{c}	0,01
Intestino (mg/g)	25,44±1,44	25,9±2,97	28 ,6±3,15	26,65±4,73	26 ,21±4,30	26,3±3,14	0,2

Cada valor representa a média ± EP, n=10.C: ratos controle alimentados com a dieta padrão; CAF: ratos obesos alimentados com a dieta de cafeteria; CL2,5%: ratos controle alimentados com a dieta padrão enriquecida com 2,5% de óleo de linhaça; CAFL2,5%: ratos obesos alimentados com a dieta de cafeteria enriquecida com 2,5% de óleo de linhaça; CL5%: ratos controle alimentados com a dieta padrão enriquecida com 5% de óleo de linhaça; CAFL5%: ratos obesos alimentados com a dieta de cafeteria enriquecida com 5% de óleo de linhaça. Após verificação da distribuição normal das variáveis (teste de Shapiro-Wilk), as médias dos seis grupos de ratos foram comparadas através de um teste ANOVA de um fator. Esta análise foi completada pelo teste de Tukey para classificar e comparar as médias em pares. As médias indicadas por letras diferentes (a, b, c) são significativamente diferentes (p<0,05).

Tabela A10. Teor de proteínas totais (mg/g de tecido) dos órgãos em diferentes lotes de ratos

Lotes Parâmetros	Ratos de controlo			Ratos obesos			*P* ANOVA
	C	Cl2,5%	CL5%	CAF	CAFL2.5	CAFL5%	
Fígado (mg/g)	39,36±8,38^{b}	21,83±4,76^{d}	20,68±5,37^{d}	60,92±4,48^{a}	32,47±5,59^{c}	30,13±7,69^{c}	0,002
Tecido adiposo (mg/g)	84,17±2,9^{b}	71,22±3,77 ^{d}	70,27±3,21^{d}	121,31±5,22^{a}	70,37±5,23 ^{c}	69,05±10,12^{c}	0,002
Músculo (mg/g)	62,45 ±3,04	61,11±3,47	59,83±1,91	63,37±3,45	63,85±4,32	50,89±5,89	0,19
Intestino (mg/g)	25,32±4,44	23,79±4,97	25,74±1,15	24,20±2,73	23,62±4,30	23,87±3,14	0,2

Cada valor representa a média ± DP, n=10.C: ratos controle alimentados com a dieta padrão; CAF: ratos obesos alimentados com a dieta de cafeteria; CL2,5%: ratos controle alimentados com a dieta padrão enriquecida com 2,5% de óleo de linhaça; CAFL2,5%: ratos obesos alimentados com a dieta de cafeteria enriquecida com 2,5% de óleo de linhaça; CL5%: ratos controle alimentados com a dieta padrão enriquecida com 5% de óleo de linhaça; CAFL5%: ratos obesos alimentados com a dieta de cafeteria enriquecida com 5% de óleo de linhaça. Após verificação da distribuição normal das variáveis (teste de Shapiro-Wilk), as médias dos seis grupos de ratos foram comparadas através de um teste ANOVA de um fator. Esta análise foi completada pelo teste de Tukey para classificar e comparar as médias em pares. As médias indicadas por letras diferentes (a, b, c) são significativamente diferentes (p<0,05).

Lotes Parâmetro	Ratos de controlo			Ratos obesos			*P* ANOVA
	C	Cl2,5%	CL5%	CAF	CAFL2.5	CAFL5%	
Fígado µmol/g/min	41,67 ± 4,48^{e}	69,58±5,59^{c}	63,10 ± 5,37^{c}	53,83 ±8,38^{d}	87,39 ±4,76^{a}	79,00±5,37^{b}	0,001
Tecido adiposo µmol/g/min	42,32±2,95^{d}	45,21±3,77 ^{d}	51,23±3,21^{c}	60,22±5,22^{b}	90,01±5,23 ^{a}	88,5±3,12^{a}	0,001
Músculo µmol/g/min	29,11±3,04^{a}	31,03±3,47^{a}	30 ,12±1,91^{a}	19,4±3,45^{c}	25,12±1,22^{b}	29,33±3,89^{b}	0,01

Cada valor representa a média ± DP, n=10.C: ratos controle alimentados com a dieta padrão; CAF: ratos obesos alimentados com a dieta de cafeteria; CL2,5%: ratos controle alimentados com a dieta padrão enriquecida com 2,5% de óleo de linhaça; CAFL2,5%: ratos obesos alimentados com a dieta de cafeteria enriquecida com 2,5% de óleo de linhaça; CL5%: ratos controle alimentados com a dieta padrão enriquecida com 5% de óleo de linhaça; CAFL5%: ratos obesos alimentados com a dieta de cafeteria enriquecida com 5% de óleo de linhaça. Após verificação da distribuição normal das variáveis (teste de Shapiro-Wilk), as médias dos seis grupos de ratos foram comparadas através de um teste ANOVA de um fator. Esta análise foi completada pelo teste de Tukey para classificar e comparar as médias em pares. As médias indicadas por letras diferentes (a, b, c) são significativamente diferentes (p<0,05).

Lotes	Ratos de controlo			Ratos obesos			*P* ANOV
Parâmetros	C	Cl2.5%	CL5%	CAF	CAFL2.5	CAFL5%	A
LCAT (nmol/ml/h	36,58±1,49^{b}	31,41±1,4^{c}	30,5±1,78^{c}	42,25±3,15^{a}	38,83±1,36^{b}	35,25±2,03 $_{b}$	0,002

Cada valor representa a média ± SE, n=10.C: ratos controle alimentados com a dieta padrão; CAF: ratos obesos alimentados com a dieta de cafeteria; CL2,5%: ratos controle alimentados com a dieta padrão enriquecida com 2,5% de óleo de linhaça; CAFL2,5%: ratos obesos alimentados com a dieta de cafeteria enriquecida com 2,5% de óleo de linhaça; CL5%: ratos controle alimentados com a dieta padrão enriquecida com 5% de óleo de linhaça; CAFL5%: ratos obesos alimentados com a dieta de cafeteria enriquecida com 5% de óleo de linhaça. Após verificação da distribuição normal das variáveis (teste de Shapiro-Wilk), as médias dos seis grupos de ratos foram comparadas através de um teste ANOVA de um fator. Esta análise foi completada pelo teste de Tukey para classificar e comparar as médias em pares. As médias indicadas por letras diferentes (a, b, c) são significativamente diferentes (p<0,05).

Quadro A13. Atividade da enzima lipase sensível às hormonas (HSL) no tecido adiposo de diferentes lotes de ratos

Lotes	Ratos de controlo			Ratos obesos			*P* (ANOVA)
Parâmetros	C	CL2,5% (%)	CL5%	CAF	CAFL2.5	CAFL5%	
LHS (gmol/g/min)	280,12±18,38^{b}	170,33±14,76^{d}	168,45±15,37^{d}	360,34±24,48^{a}	245,54±15,59^{c}	169,23±17,69^{d}	0,001

Cada valor representa a média ± DP, n=10.C: ratos controle alimentados com a dieta padrão; CAF: ratos obesos alimentados com a dieta de cafeteria; CL2,5%: ratos controle alimentados com a dieta padrão enriquecida com 2,5% de óleo de linhaça; CAFL2,5%: ratos obesos alimentados com a dieta de cafeteria enriquecida com 2,5% de óleo de linhaça; CL5%: ratos controle alimentados com a dieta padrão enriquecida com 5% de óleo de linhaça; CAFL5%: ratos obesos alimentados com a dieta de cafeteria enriquecida com 5% de óleo de linhaça. Após verificação da distribuição normal das variáveis (teste de Shapiro-Wilk), as médias dos seis grupos de ratos foram comparadas através de um teste ANOVA de um fator. Esta análise foi completada pelo teste de Tukey para classificar e comparar as médias em pares. As médias indicadas por letras diferentes (a, b, c) são significativamente diferentes (p<0,05).

Quadro A14. Níveis séricos de vitamina C e glutatião eritrocitário e atividade da enzima catalase eritrocitária em diferentes lotes de ratos.

Lotes	Ratos de controlo			Ratos obesos			*P*
Parâmetros	C	CL2,5% (%)	CL5%	CAF	CAFL2.5	CAFL5%	(ANOVA)
Vitamina C	12,19 ±0,24 ^{d}	21,41±1,02 $_{a}$	20,07±0,52 ^{b}	6,18±0,40^{e}	14,66±2,04 ^{c}	15,65±0,50 ^{c}	0,01
Glutatião	3,25±0,14 ^{b}	3,69±0,05 ^{b}	4,90±0,17 $_{a}$	1,19±0,08 ^{d}	2,58±0,21 ^{c}	2,89±0,34 ^{c}	0,001
Catalase	234,97±6,99 $_{a}$	161,27±4,9 ^{c}	201±4,27 ^{b}	95,17±3,64 ^{f}	102,76±3,16^{e}	137,86±3,46^{d}	0,004

Cada valor representa a média ± DP, n=10.C: ratos controle alimentados com a dieta padrão; CAF: ratos obesos alimentados com a dieta de cafeteria; CL2,5%: ratos controle alimentados com a dieta padrão enriquecida com 2,5% de óleo de linhaça; CAFL2,5%: ratos obesos alimentados com a dieta de cafeteria enriquecida com 2,5% de óleo de linhaça; CL5%: ratos controle alimentados com a dieta padrão enriquecida com 5% de óleo de linhaça; CAFL5%: ratos obesos alimentados com a dieta de cafeteria enriquecida com 5% de óleo de linhaça. Após verificação da distribuição normal das variáveis (teste de Shapiro-Wilk), as médias dos seis grupos de ratos foram comparadas através de um teste ANOVA de um fator. Esta análise foi completada pelo teste de Tukey para classificar e comparar as médias em pares. As médias indicadas por letras diferentes (a, b, c) são significativamente diferentes (p<0,05).

Tabela A15. Marcadores do estado oxidativo do plasma em diferentes lotes de ratos

Lotes	**Ratos de controlo**			**Ratos obesos**			***P* ANOVA**
Parâmetros	**C**	**CL2,5% (%)**	**CL5%**	**CAF**	**CAFL2.5**	**CAFL5%**	
MDA (pmol/l)	2,86±0,19 ^{d}	2,59±0,16 ^{e}	2,02±0,01 ^{f}	5,44±0,38 $_{a}$	3,74±0,36 ^{b}	3,07±0,29 ^{c}	0,0001
Hidroperóxidos (pmol/l)	8,9±0,39 $_{b}$	7,19±0,15 ^{c}	5,42±0,29 ^{e}	11,8±0,25 $_{a}$	6,4±0,22 ^{c}	5,86±0,19 ^{d}	0,001
Proteínas carboniladas (pmol/l)	3,24±0,06 ^{b}	2,4±0,08 ^{c}	2,97±0,12 ^{b}	5,36±0,24 $_{a}$	3,42±0,06 ^{b}	3,17±0,09 ^{b}	0,001
DIC (pmol/l)	2,96±1,37 ^{b}	2,42±1,01 ^{d}	2,38±1,10 ^{d}	3,81±1,43 $_{a}$	2,50±2,36 ^{c}	2,43±1,91 ^{c}	0,001
oxidação das lipoproteínas	1,62±1,37 ^{c}	1,55±1,01 ^{c}	1,40±1,01 ^{d}	2,83±1,01 $_{a}$	1,93±1,01 ^{b}	2,09±1,01 ^{b}	0,001

Cada valor representa a média ± DP, n=10.C: ratos controle alimentados com a dieta padrão; CAF: ratos obesos alimentados com a dieta de cafeteria; CL2,5%: ratos controle alimentados com a dieta padrão enriquecida com 2,5% de óleo de linhaça; CAFL2,5%: ratos obesos alimentados com a dieta de cafeteria enriquecida com 2,5% de óleo de linhaça; CL5%: ratos controle alimentados com a dieta padrão enriquecida com 5% de óleo de linhaça; CAFL5%: ratos obesos alimentados com a dieta de cafeteria enriquecida com 5% de óleo de linhaça. Após verificação da distribuição normal das variáveis (teste de Shapiro-Wilk), as médias dos seis grupos de ratos foram comparadas através de um teste ANOVA de um fator. Esta análise foi completada pelo teste de Tukey para classificar e comparar as médias em pares. As médias indicadas por letras diferentes (a, b, c) são significativamente diferentes (p<0,05).

Tabela A16. Marcadores do estado oxidante/antioxidante do fígado em diferentes lotes de ratos

Lotes	**Ratos de controlo**			**Ratos obesos**			***P* (ANOVA)**
Parâmetros	**C**	**CL2,5% (%)**	**CL5%**	**CAF**	**CAFL2.5**	**CAFL5%**	
MDA (nmol/g)	4,37±0,51 ^{b}	1,66±0,3 ^{c}	1,42±0,3 ^{d}	5,90±0,81 ^{a}	2,63±0,40 ^{c}	2,28±0,21 ^{c}	0,001
Proteínas carboniladas (nmol/g)	4,02±0,09 ^{c}	3,10±0,19 ^{d}	1,47±0,13 ^{e}	5,26±0,26 ^{a}	3,4±0,08 ^{b}	2,87±0,04 ^{c}	0,001
Glutatião (pmol/g)	0,51±0,05 ^{a}	0,42±0,04 ^{c}	0,41±0,05 ^{c}	0,89±0,08 ^{b}	0,63±0,03 ^{c}	0,61±0,06 ^{c}	0,01

Cada valor representa a média ± EP, n=10.C: ratos controle alimentados com a dieta padrão; CAF: ratos obesos alimentados com a dieta de cafeteria; CL2,5%: ratos controle alimentados com a dieta padrão enriquecida com 2,5% de óleo de linhaça; CAFL2,5%: ratos obesos alimentados com a dieta de cafeteria enriquecida com 2,5% de óleo de linhaça; CL5%: ratos controle alimentados com a dieta padrão enriquecida com 5% de óleo de linhaça; CAFL5%: ratos obesos alimentados com a dieta de cafeteria enriquecida com 5% de óleo de linhaça. Após verificação da distribuição normal das variáveis (teste de Shapiro-Wilk), as médias dos seis grupos de ratos foram comparadas através de um teste ANOVA de um fator. Esta análise foi completada pelo teste de Tukey para classificar e comparar as médias em pares. As médias indicadas por letras diferentes (a, b, c) são significativamente diferentes (p<0,05).

Tabela A17. Marcadores do estado oxidante/antioxidante do músculo em diferentes lotes de ratos

Lotes	**Ratos de controlo**	**Ratos obesos**	***P***

Parâmetros	C	CL2,5% (%)	CL5%	CAF	CAFL2.5	CAFL5%	(ANOVA)
MDA (nmol/g)	0,57±0,02 ^{d}	1,52±0,03 ^{b}	1,74±0,03 ^{a}	0,42±0,03 ^{e}	1,38±0,02 ^{c}	1,77±0,04^{a}	0,001
Proteínas carbonildas (nmol/g)	0,33±0,04 ^{c}	1,24±0,03 ^{a}	1,29±0,04 ^{a}	0,33±0,04 ^{c}	1,05±0,08 ^{b}	0,98±0,05 ^{b}	0,004
Glutatião (gmol/g)	0,67±0,04	0,68±0,02	0,67±0,05	0,72±0,06	0,68±0,04	0,67±0,04	0,132

Cada valor representa a média ± DP, n=10.C: ratos controle alimentados com a dieta padrão; CAF: ratos obesos alimentados com a dieta de cafeteria; CL2,5%: ratos controle alimentados com a dieta padrão enriquecida com 2,5% de óleo de linhaça; CAFL2,5%: ratos obesos alimentados com a dieta de cafeteria enriquecida com 2,5% de óleo de linhaça; CL5%: ratos controle alimentados com a dieta padrão enriquecida com 5% de óleo de linhaça; CAFL5%: ratos obesos alimentados com a dieta de cafeteria enriquecida com 5% de óleo de linhaça. Após verificação da distribuição normal das variáveis (teste de Shapiro-Wilk), as médias dos seis grupos de ratos foram comparadas através de um teste ANOVA de um fator. Esta análise foi completada pelo teste de Tukey para classificar e comparar as médias em pares. As médias indicadas por letras diferentes (a, b, c) são significativamente diferentes ($p<0,05$).

Tabela A18. Marcadores do estado oxidativo/antioxidante do tecido adiposo em diferentes lotes de ratos

Lotes	Ratos de controlo			Ratos obesos			*P* (ANOVA)
Parâmetros	**C**	**CL2,5% (%)**	**CL5%**	**CAF**	**CAFL2.5**	**CAFL5%**	
MDA (nmol/g)	3,04±0,24 ^{c}	2,53±0,6^{d}	2,33±0,5^{d}	4,67±0,26 ^{a}	3,88±0,5 ^{b}	3,38±0,08^{c}	0,001
Proteínas carboniladas (nmol/g)	2,82±0,08^{b}	1,94±0,10^{d}	1,65±0,13^{e}	3,59± 0,05^{a}	2,22±0,11^{c}	2,11± 0,09^{c}	0,001
Glutatião (pmol/g)	0,44±0,02	0,45±0,03	0,42±0,03	0,48±0,03	0,48±0,03	0,47±0,04	0,1

Cada valor representa a média ± DP, n=10.C: ratos controle alimentados com a dieta padrão; CAF: ratos obesos alimentados com a dieta de cafeteria; CL2,5%: ratos controle alimentados com a dieta padrão enriquecida com 2,5% de óleo de linhaça; CAFL2,5%: ratos obesos alimentados com a dieta de cafeteria enriquecida com 2,5% de óleo de linhaça; CL5%: ratos controle alimentados com a dieta padrão enriquecida com 5% de óleo de linhaça; CAFL5%: ratos obesos alimentados com a dieta de cafeteria enriquecida com 5% de óleo de linhaça. Após verificação da distribuição normal das variáveis (teste de Shapiro-Wilk), as médias dos seis grupos de ratos foram comparadas através de um teste ANOVA de um fator. Esta análise foi completada pelo teste de Tukey para classificar e comparar as médias em pares. As médias indicadas por letras diferentes (a, b, c) são significativamente diferentes ($p<0,05$).

Tabela A19. Marcadores do estado oxidante/antioxidante do intestino em diferentes lotes de ratos

	Ratos de controlo			Ratos obesos			
Lotes Parâmetros	**C**	**CL2,5% (%)**	**CL5%**	**CAF**	**CAFL2.5**	**CAFL5%**	***P* (ANOVA)**
MDA (nmol/g)	1,23±0,05	3,12±0,11	3,18±0,06	1,52±0,05	3,28±0,05	3,15±0,06	0,001
Proteínas carboniladas (nmol/g)	0,43±0,03	1,94±0,03	2,23±0,11	0,54±0,02	2,31±0,06	2,26±0,04	0,001
Glutatião	0,59±0,06	0,57±0,04	0,50±0,06	0,52±0,05	0,53±0,05	0,58±0,05	0,1

(Hmol/g)							

Cada valor representa a média ± DP, n=10.C: ratos controle alimentados com a dieta padrão; CAF: ratos obesos alimentados com a dieta de cafeteria; CL2,5%: ratos controle alimentados com a dieta padrão enriquecida com 2,5% de óleo de linhaça; CAFL2,5%: ratos obesos alimentados com a dieta de cafeteria enriquecida com 2,5% de óleo de linhaça; CL5%: ratos controle alimentados com a dieta padrão enriquecida com 5% de óleo de linhaça; CAFL5%: ratos obesos alimentados com a dieta de cafeteria enriquecida com 5% de óleo de linhaça. Após verificação da distribuição normal das variáveis (teste de Shapiro-Wilk), as médias dos seis grupos de ratos foram comparadas através de um teste ANOVA de um fator. Esta análise foi completada pelo teste de Tukey para classificar e comparar as médias em pares. As médias indicadas por letras diferentes (a, b, c) são significativamente diferentes ($p<0,05$).

Printed by Books on Demand GmbH, Norderstedt / Germany